Christof Mackinger

Radikale Ökologie

unrast transparent
bewegungslehre

UNRAST

Bibliografische Information der Deutschen Bibliothek:
Die Deutsche Bibliothek verzeichnet diese Publikation in der Deutschen Nationalbibliografie; detaillierte bibliografische Daten sind im Internet über http:// dnb.ddb.de abrufbar.

Christof Mackinger
Radikale Ökologie

unrast transparent
bewegungslehre
Band 4

1. Auflage, Mai 2015
ISBN 978-3-89771-132-7

Postfach 8020, 48043 Münster – Tel. (0251) 66 62 93
info@unrast-verlag.de – www.unrast-verlag.de
Mitglied in der assoziation Linker Verlage (aLiVe)
Umschlag: Unrast Verlag
Satz: Unrast Verlag
Druck: Interpress

Inhalt

Danke an Gabriel, Klaus, Alexandra, Maxe, Seb, Pitti, Georgito, Schnitzel, Leo und Pamsi für eure Ideen, Hinweise und Unterstützung.

Einleitung

Seit Jahren ist das Thema Klimawandel in aller Munde, und spätestens seit dem Erdbeben, dem Tsunami und der davon verursachten Kernschmelze in Fukushima 2011 ist die Welle des Interesses im wahrsten Sinne des Wortes auch auf das Thema Atomenergie übergeschwappt und hat diese einmal mehr in die Diskussion gebracht.

Blicken wir in der Geschichte zurück, so findet sich eine reichhaltige Kultur des Widerstands gegen die Zerstörung der Umwelt – auch militante Aktionen gegen den Raubbau an natürlichen Ressourcen sind keine Erfindung des 21. Jahrhunderts. Nichtsdestotrotz haben heute die Themen Umweltverschmutzung und Zerstörung der biologische Vielfalt traurige Aktualität: schmelzende Gletscher, verseuchte Flüsse, Öl- und Müllteppiche in den Ozeanen.

All dies sollte aber nicht auf einen ökologischen Alarmismus der Sorte »Es ist fünf vor zwölf!« hinauslaufen. Umweltschutz und die Bewahrung der biologischen Diversität sind äußerst dringliche Themen, wie die folgenden Kapitel noch verdeutlichen werden. Für eine Lösung der ökologischen Krise braucht es aber breitere, langfristige und vor allem gesamtgesellschaftliche Konzepte, welche der Verschränktheit sozialer, ökologischer und politischer Probleme gerecht werden.

In den folgenden Kapiteln werden wir uns gemeinsam auf einen Streifzug durch die Geschichte der radikalen Öko-Bewegung begeben und ihre aktionistischen, aber auch theoretischen Ansätze erkunden, um dabei Anschlussstellen für eine progressive, politische Ökologiebewegung zu finden.

Nach einem kurzen, historischen Einstieg wird das Problem der ökologischen Krise umrissen. Da es sich um ein weltumspannendes Problem handelt, können nur einzelne Ausschnitte davon beleuchtet werden. Der Schwerpunkt liegt dabei auf umweltzerstörerische Praktiken, die im restlichen Buch noch Thema sein werden.

Danach folgt ein kurzer Überblick über den Mainstream-Umweltschutz, der sich nicht nur in den Aktionsformen von der Radikalen Ökologie absetzt, sondern vor allem inhaltliche Positionen aufweist, die auch politisch völlig unzureichend sind.

Die danach folgenden Abschnitte stellen verschiedene, zum Teil historische, ökologische Kämpfe dar, die sich vor allem durch ihre, im weitesten Sinne, radikalen Aktionsformen auszeichnen. Wie dies mit den Inhalten der involvierten Aktivist_innen zusammengeht, wird auch Thema sein. Offensichtlich ist hierbei der Fokus auf Aktivismus in Nordamerika und Europa. Dies ist zum großen Teil der Schwierigkeit der Sprachbarrieren und dem fehlenden Zugriff auf Dokumentationen aus Afrika und Teilen Asiens geschuldet. Es sollte also berücksichtigt werden, dass die vorliegende Zusammenstellung lediglich einen sehr kleinen Ausschnitt weltweiter Ökokämpfe darstellt.

Einen weiteren Schwerpunkt bilden die Abschnitte über zentrale radikalökologische Debatten und Theorien. Ihnen allen ist gemein, dass ihre Kritik über die Verurteilung bestimmter umweltverschmutzender Handlungen hinausgeht und gesellschaftliche Probleme miteinbezieht und dementsprechende Lösungsansätze anbietet.

Zuletzt findet sich ein Abschnitt über staatliche und unternehmerische Antworten auf Aktionen radikaler Öko-Aktivist_innen, die so unterschiedlich ausfallen, wie ihre Protagonist_innen mit den Erfahrungen der Repression und Solidarität umgehen.

Für den Fall, dass ihr euch eingehender mit einzelnen Themen beschäftigen wollt, so solltet ihr in der anschließenden Literaturliste fündig werden.

In diesem Sinne, viel Spaß beim Lesen!

Bomben gegen Pestizide: die Anfänge

Agrargebiet, soweit das Auge reicht. Erdbeeren und Artischocken werden hier gezüchtet. Ein Feld reiht sich an das nächste, nur eine einsame Straße unterbricht die Gleichförmigkeit der Landschaft. An diesem sonnigen, fast windstillen Tag ist hier ein Mann mit seinem Auto unterwegs, sein Ziel ist die Kleinstadt Watsonville, Kalifornien. Das Autoradio dudelt vor sich hin.

Plötzlich übertönt ein in dieser Gegend nur zu bekanntes Geräusch das Radio. John, der Lenker, blickt in den Rückspiegel und sieht ein Kleinflugzeug, das sich dem Auto von hinten nähert; drei, vielleicht vier Meter über dem Boden. Dahinter geht ein Nebel von Pflanzenschutzmittel nieder, die Autofenster rechtzeitig zu schließen ist unmöglich. Wenige Sekunden später ist John von der Chemiewolke umgeben.

Wie er später erfährt, handelte es sich um *Parathion*, ein handelsübliches Insektizid, das seit Jahren in intensiv bewirtschafteten Gebieten von Flugzeugen versprüht wird. Johns Haut beginnt zu brennen, seine Augen röten sich und tränen, er schafft es gerade noch in die Stadt.

In Watsonville angekommen, lässt er sich stationär behandeln. Gleich danach reicht er eine Beschwerde bei der zuständigen Behörde ein. Dann erledigt er seine Angelegenheiten und macht sich wieder auf den Heimweg. Stunden nach dem Vorfall brennt Johns Haut noch immer. Auf seine Beschwerde erhält er nie eine Antwort.

Wenige Monate später, am ersten Mai 1977, findet sich John Hanna am Flughafen in Salinas, Kalifornien, wieder – in Begleitung unbekannter Personen. Im Schatten von sieben Agrarflugzeugen platzieren sie selbstgebaute Brandsätze und stellen die Zeitschaltuhren auf zwei Uhr nachts. Dann verlassen die dunkel gekleideten Personen das Gelände. Eine halbe Stunde später bricht das Inferno los. Die Brandsätze explodieren und schwarzer Rauch verdunkelt die Sicht auf den Mond. Bis das letzte Flugzeug in Flammen aufgeht, bleiben John und die anderen in der Nähe, um sicherzugehen, dass kein Mensch zu Schaden kommen kann. Erst dann tauchen sie in das Dunkel der Nacht ab.

Am Nachmittag des nächsten Tages wirft John ein Kuvert bei einer örtlichen Zeitung ein, in dem sich ein Bekennerschreiben befindet. Darin wird »allen der Krieg erklärt, die auch in Zukunft Pestizide und ähnliches produzieren und verbreiten«. Unterzeichnet ist das Schreiben mit »Environmental Life Force«, kurz: ELF.

John Hanna ist Begründer der ELF und einer der ersten bekannten militanten Öko-Aktivist_innen der USA. In dieser Mainacht trat die Environmental Life Force jedoch nicht zum ersten Mal in Erscheinung. Auch in anderen politischen Belangen war die frühe ELF aktiv: Zwei Monate zuvor wurden die Fenster einer Ferienunterkunft der US-Senatorin Dianne Feinstein in Watsonville eingeschossen. Die ELF rächte damit den Tod des Schwarzen Häftlings Larry Williams, der wegen einer Unterversorgung mit Insulin im Gefängnis verstorben war.

Hanna war mit seinen bis heute unbekannt gebliebenen Gefährt_innen nicht nur in Kalifornien aktiv. Die vorerst letzte Aktion unter dem Namen ELF war die Platzierung einer Rohrbombe vor der Zentrale eines Papierproduzenten im Bundesstaat Oregon 1977. Die in der Baumzucht des Unternehmens eingesetzten Herbizide vernichteten nicht nur alle nicht-produktiven Pflanzen für die Holzgewinnung, sondern verseuchten auch naheliegende Bäche. Dadurch waren die Lebensräume von Lachsen und Regenbogenforellen massiv bedroht. Lokale Aktivist_innen protestierten gegen diese Praxis mit zivilem Ungehorsam und ketteten sich an Bäume des Unternehmens. Nachdem sie den Forderungen der Firma, ihr Grundstück zu verlassen, nicht nachgekommen waren, wurden sie aus einem Helikopter mit dem Herbizid *Tordon* besprüht. Tordon wurde im Vietnamkrieg als Kampfstoff eingesetzt und bringt erhöhtes Krebsrisiko und Geburtsdefekte mit sich.

Die wenige Tage später von der ELF platzierte Rohrbombe richtete zwar nur geringen Sachschaden an, schaffte es aber, das Thema einmal mehr ins Gespräch zu bringen. In einer Anschlagserklärung forderte die Environmental Life Force eine lebenslange

Gesundheitsversorgung der mit Herbizid besprühten Aktivist_innen durch die verantwortlichen Holzunternehmer_innen. Der Forderung wurde bis heute nicht nachgekommen.

John Hanna und seine Lebensgefährtin Carla Susan Olander wurden am 22. November 1977 in ihrem Haus in Santa Cruz, Kalifornien verhaftet und zu Haftstrafen verurteilt.

Die ökologische Krise und die imperiale Lebensweise

In den 60er Jahren des letzten Jahrhunderts haben Journalist_innen und Wissenschaftler_innen begonnen, die Gefahr von Pestiziden zu thematisieren und Debatten über ihren Einsatz anzustoßen – Debatten, welche bis heute anhalten. John Hannas Aktionen waren nur eine kleine Episode in der Auseinandersetzung um eine ökologischere Lebensweise. Damals hatten einige wenige Theoretiker_innen der Ökologiebewegung eine Vision vor Augen, die weit über das hinausgeht, was Pestizide in der Umwelt anrichten können:

> »Während der letzten hundert Jahre hat die Menschheit 260 Milliarden Tonnen Kohlendioxid produziert. Das sind 13 Prozent der Gesamtheit in der Erdatmosphäre. Diese CO2-Decke hindert Wärme daran, von der Erde in das All aufzusteigen, weshalb sich die Erdatmosphäre kontinuierlich erwärmen wird. Rein theoretisch kann die Verbrennung fossiler Brennstoffe nach einigen Jahrhunderten dazu führen, dass die erwärmte Erdatmosphäre sogar das Eis an den Polarkappen schmilzt und in weiterer Folge zur Überschwemmung von Kontinenten durch das Meer führt. Heute sind wir noch weit von einer solchen Überflutung entfernt. Sie zeigt aber die Langzeitauswirkungen unserer irrationalen Zivilisation auf das Gleichgewicht der Natur.«

Dies schrieb der US-amerikanische Öko-Anarchist und Theoretiker Murray Bookchin im Jahr 1964. Vor rund 50 Jahren hat diese Vorstellung vielleicht dystopisch angemutet – heute beginnt sie, bereits Realität zu werden. Der *Zwischenstaatliche Ausschuss für Klimaänderungen* (*Intergovernmental Panel on Climate Change*) schätzt die aktuelle Zunahme des CO2-Wertes in der Erdatmosphäre sogar auf 39 Prozent, also dreimal so hoch wie Bookchin ein, das heißt, die ›wärmedämmende CO2-Decke‹ über der Erde ist um ein Vielfaches dichter als vermutet.

Schon seit Jahren zwingt die Klimaerwärmung und die damit einhergehende Vertrocknung ganzer Landstriche unzählige Menschen zur Migration, ebenso wie die steigenden Meeresspiegel oder die durch den Klimawandel vermehrt auftretenden Naturkatastrophen. Die wohl ersten Klimaflüchtlinge der modernen Zeitrechnung sind die 500.000 Bewohner_innen der Insel Bhola in Bangladesch, deren Lebensraum 1995 überflutet wurde.

Konkrete Folgen hat die Klimaerwärmung auch schon für Quechua-Bauern und -Bäuerinnen, die im peruanischen Hochland auf 3.000 Metern über dem Meeresspiegel Kartoffeln anbauen. Im Community-Projekt *Parque de la Papa* werden von rund tausend Bauern und Bäuerinnen Kartoffeln auf traditionelle Weise gezogen. Damit soll zum Erhalt alter Sorten, ihrer Vielfalt und der mit ihrem Anbau verbundenen Kultur beigetragen und das Überleben der indigenen Bevölkerung im Hochland gesichert werden. Hier werden beinahe 1.500 verschiedene Sorten geerntet, womit das Gebiet die größte Artenvielfalt an Kartoffeln der Welt aufweist. Die Felder reichen bis 4.500 Meter über dem Meeresspiegel. In den letzten drei Jahrzehnten mussten die Quechuas ihre Anbauflächen aufgrund der Klimaerwärmung bis zu 1.000 Höhenmeter nach oben verlegen, um weiterhin effizient arbeiten zu können. Mit den steigenden Temperaturen ist die Anfälligkeit für bestimmte Krankheiten der Pflanzen gestiegen, außerdem hat sich die mögliche Anbauzeit verkürzt und der Boden ist heute signifikant trockener. Früher hatte man fünf bis sechs Monate Zeit, die Kartoffelpflanzen zu ziehen, heute ist das in gerade einmal vier Monaten möglich. Hält dieser Trend an, so werden die Anbauflächen irgendwann eine Meereshöhe erreicht haben, auf der trotz niedriger Temperaturen keine Kartoffeln mehr wachsen. Die peruanischen Bäuerinnen und Bauern wären dann nicht die einzigen, die zur Absiedelung gezwungen wären. Das New Yorker *Center for Research on Environmental Decisions (Cred)* schätzt, dass sich weltweit allein im Jahr 2006 rund 145 Millionen Menschen auf der Flucht vor Negativauswirkungen von Umweltzerstörung befanden.

Die Auswirkungen des Klimawandels werden für Menschen jedoch noch viel weitreichendere Auswirkungen mit sich bringen: Die klimatischen Veränderungen verschärfen schon jetzt bestehende Konflikte um Wasser, Land und Rohstoffe. Einschätzungen schwedischer Wissenschaftler_innen zufolge werden die Auswirkungen des Klimawandels im Zusammenspiel mit ökonomischen, sozialen und politischen Problemen in 46 Ländern mit insgesamt 2,7 Milliarden Einwohner_innen, mit großer Wahrscheinlichkeit zu gewalttätigen Konflikte führen.

Beantwortet werden die schon jetzt bemerkbaren Auseinandersetzungen nicht mit sozialökologisch orientierten Maßnahmen, sondern mit Aufstandsbekämpfung und Abschottung gegenüber den Ländern des globalen Südens, welche bisher hauptsächlich die Betroffenen des Klimawandels sind. Zudem haben reiche Länder oft bessere Möglichkeiten, mit den Negativfolgen des Klimawandels umzugehen: der Bau von Dämmen und sicherer Infrastruktur sowie die Möglichkeit importierte, ökologisch angebaute Nahrungsmittel zu kaufen, sind nur zwei Beispiele dafür.

Die Umweltverschmutzung und -zerstörung sowie die Klimaerwärmung bringen auch einen zunehmenden Verlust der Biodiversität mit sich. Jedes Jahr sterben geschätzte 50.000 Tier- und Pflanzenarten aus. Sogar große Nationalparks haben schon bis zu einem Drittel ihrer Artenvielfalt eingebüßt. Selbst in Mitteleuropa nimmt die Zahl der einheimischen Pflanzenarten seit Mitte des 19. Jahrhunderts durch zunehmende menschliche Eingriffe kontinuierlich ab. Hauptursachen für den Artenrückgang sind Lebensraumzerstörung und landwirtschaftliche Nutzung, hierbei insbesondere der flächendeckende Einsatz von Düngemitteln und Bioziden in Monokulturen. Das Aussterben einzelner Arten führt zu Verschiebungen oder Ausfällen innerhalb des – über einen langen Zeitraum gewachsenen – Ökosystems. Dieses ist zwar ohnehin permanentem Wandel unterworfen, das Auftreten des modernen Menschen und die Industrialisierung haben das Artensterben aber drastisch beschleunigt. Durch den Einfluss des Menschen soll das Artensterben um das 1000- bis 10.000-fache zugenommen haben.

Zuletzt sind es unzählige Tiere, die von menschlichen Einflüssen auf die Umwelt negativ betroffen sind. Insbesondere die Vernichtung von Lebensraum beendet oder verdrängt individuelles Leben. Umweltgifte vergiften Tiere oder machen ihren Lebensraum unbewohnbar. Allein in den rund 100 bis 150 Millionen Tonnen Abfall in den Weltmeeren, 60% davon ist übrigens Plastik, finden täglich unzählige Tiere den Tod, sie werden in zurückgelassenen Netzen oder Verpackungsmaterialien stranguliert, manche Tiere verwechseln den Müll mit Nahrung und verhungern qualvoll mit plastikgefüllten Mägen.

Die Ausmaße der Umweltzerstörung sind in vielen Bereichen mittlerweile völlig außer Kontrolle, die Methoden der Ausbeutung der Natur nehmen laufend neue Formen an. So ist etwa die Praxis des Frackings nichts Neues, ihre Anwendung boomt aber in den letzten 20 Jahren merklich. Beim Fracking werden Wasser, Quarzsand und chemische Zusätze unter hohem Druck in mehrere tausend Meter tiefe Bohrlöcher gepumpt, um damit Risse im Gestein zu fördern, die wiederum die Sammlung von darin befindlichen Gasen oder Flüssigkeiten ermöglichen. Die so erreichte Konzentrierung von Stoffen wie Erdöl oder Erdgas ermöglicht wiederum deren Förderung. Das zurückbleibende, mit Chemikalien versetzte Wasser ist jedoch gesundheitsgefährdend, insbesondere, wenn es sich mit Trinkwasser vermischt.

Ebenfalls ein neueres Phänomen der intensivierten Ausbeutung und Ökonomisierung natürlicher Ressourcen ist die Biopiraterie. Sie umfasst all diejenigen Praktiken westlicher Länder und Konzerne, die natürliche Ressourcen und tradiertes Wissen darüber kommerziell weiterentwickeln, ohne den eigentlichen Entdecker_innen dieser Pflanzen, Wirkstoffe etc. eine gerechte Entschädigung zu garantieren. Traditionell ist das Wissen um Naturmedizin, Heilkräuter, Tees etc. eher in Lebensbereichen von Frauen angesiedelt, weshalb Biopiraterie Frauen viel mehr betrifft als Männer.

Ein Beispiel unter vielen ist der Versuch zweier US-amerikanischer Wissenschaftler, die wundheilende Wirkung der Kurkumawurzel patentieren zu lassen, obwohl sie bereits seit Jahrtausenden zur Hautbehandlung eingesetzt wird. Wäre die Patentierung genehmigt worden, so wäre die Heilwirkung der Wurzel nicht nur offiziell von den beiden Wissenschaftlern entdeckt worden, sondern es wären ihnen auch weitreichende Rechte bezüglich der Nutzung von Kurkuma zu Heilzwecken eingeräumt worden. Der Ausbeutung tradierten Wissens zur medizinischen Nutzung haben sich mittlerweile zahlreiche westliche Pharmakonzerne verschrieben, die in lateinamerikanischen oder südostasiatischen Urwäldern auf die Suche gehen. Durch die Aneignung und kommerzielle Verwertung tradierten Wissens können Pharmaunternehmen erhebliche Forschungskosten einsparen.

Die Auswirkungen der Umweltzerstörung und -verschmutzung sind für direkt davon betroffene Be- oder Anwohner_innen am greifbarsten. Von ihnen ist auch am meisten Gegenwehr zu beobachten, da die Bedrohung eine unmittelbare ist und die Verantwortlichen meist klar identifizierbar sind.

Was den Klimawandel angeht, sind die Ursachen weit weniger leicht nachvollziehbar. Hauptverantwortlich sind mit Sicherheit die Länder des industrialisierten Nordens, bedenkt man, dass der/die durchschnittliche US-Amerikaner_in in etwa zweihundertfünfzig Mal mehr Ressourcen verbraucht als ein_e durchnittliche_r nigerianische_r Verbraucher_in. Nichtsdestotrotz holt die südliche Hemisphäre mittlerweile in negativer Hinsicht auf.

Die Nutzung fossiler Energie und der tierindustrielle Komplex zählen zu den relevantesten Faktoren im Ausstoß von CO_2. Die Politikwissenschaftler Ulrich Brand und Markus Wissen benennen die imperiale Lebensweise als das zugrunde liegende Muster. Sie beschreiben mit der imperialen Lebensweise eine in der Ober- und Mittelschicht des globalen Nordens breit akzeptierte Lebensweise, die u.a. durch industrielle Institutionen abgesichert ist und ganz bestimmte Produktions- und Konsummuster beinhaltet. Produziert wird überwiegend in Billiglohnländern und konsumiert wird schon lange nicht mehr nur das Notwendige. Vielmehr schafft der Markt Notwendigkeiten und verknüpft und verkauft mit seinen Waren bestimmte Lebensgefühle etc., schafft aber auch mit der gezielten Verringerung der Lebensdauer von Gebrauchsgegenständen (geplante Obsoleszenz) anhaltende Nachfrage. Diesem Konsummuster westlicher Länder gleichen sich derzeit wohlhabendere Schichten in bevölkerungsreichen Schwellenländern wie Indien oder Brasilien sukzessive an. Die Politikwissenschaftler_innen Norman Myers und Jennifer Kent gehen von 850 Millionen Menschen im globalen Norden und 1,5 Milliarden aus Ländern des globalen Südens aus, die der »transnationalen Verbraucher_innenklasse« angehören und durch ihren Konsum von Autos, Fleisch und Elektrogeräten massiv zur Umweltverschmutzung beitragen.

Die extensive Nutzung fossiler Energie – aus Erdöl und Kohle – und der umfangreiche Ausbau des tierindustriellen Komplexes, der die ressourcenintensive ›Produktion‹ von Fleisch und den gewaltsamen Tod von Tieren bedingt, sind zentrale Merkmale der imperialen Lebensweise. Sie erfordert den permanenten ausbeuterischen Zugriff auf Rohstoffe, wenn nötig mit Gewalt. Darüber hinaus werden natürlich weltweit Ökosysteme wie Wälder oder Ozeane als Senken in Anspruch genommen, die das freigesetzte CO_2 absorbieren.

Zwar werden die Rohstoffe oft in ärmeren Regionen extrahiert, der Konsum der Artikel findet jedoch fast ausschließlich in wohlhabenden Ländern statt. Machttechniken der Staaten sowie internationaler Institutionen, wie Weltbank oder der Internationale Währungsfonds, sichern diese Verhältnisse ab. So wurden ab den 1980er Jahren mithilfe von Strukturanpassungsprogrammen verschuldete Länder sukzessive gezwungen, neoliberale Politik umzusetzen. Dies bedeutete meist die Schaffung optimaler Bedingungen für Investitionen westlicher Konzerne sowie den Abbau von Sozialleistungen, Umweltschutzauflagen etc.; sie ging also auf Kosten der ärmeren Bevölkerungsschichten und der Umwelt. Die Entsorgung hingegen wird in ökonomisch schwache Regionen ausgelagert. So landet zum Beispiel der Großteil der geschätzten 50 Millionen Tonnen Elektroschrott zumeist auf den Müllhalden afrikanischer Länder, wie etwa Ghana. Ganz allgemein kann von einer ›Externalisierung‹ der umweltzerstörenden Konsequenzen des westlichen Lebensstils gesprochen werden. Die imperiale Lebensweise basiert auf der globalisierten Ungleichverteilung von Reichtum und Macht, welche die kapitalistische Produktionsweise voraussetzt. Genau deswegen ist dieses Konsum- und Produktionsmuster auch nur unter den derzeitigen Bedingungen praktikabel – unter dem Ausschluss der breiten Masse von der Befriedigung ihrer Bedürfnisse.

Im Konzept der imperialen Lebensweise trifft die gesellschaftliche, ökonomische Ebene auf die individuelle. Hierbei wird nicht einfach das Individuum als Verursacher der ökologischen Krise angeprangert, wie etwa bei der Idee des ökologischen Fußabdrucks. Solche Konzepte greifen zu kurz, da sie den Klassencharakter vernachlässigen, d.h. übersehen, dass der faire, ökologische und tierleidfreie Lebensstil für manche schwerer leistbar ist als für andere. Dies darf uns aber nicht davon abhalten, dennoch nach Möglichkeit ökologisch, vegan und fair zu konsumieren. Die Analyse der imperialen Lebensweise geht aber deutlich darüber hinaus und versucht, die globalen gesellschaftlichen Umstände und Dynamiken im Blick zu behalten. Berücksichtigt man, dass 63% der zwischen 1854 und 2010 weltweit ausgestoßenen CO_2-Emissionen auf lediglich 63 Unternehmen zurückzuführen sind, wird deutlich, dass die industrielle Komponente der Umweltverschmutzung viel gewichtiger ist als individuelle Verhaltens- und Konsummuster. Allein deswegen reicht es nicht aus, einen ökologischen Wandel lediglich auf Ebene der individuellen Handlungsmacht der Konsument_innen anzustreben. Stattdessen müssen im industriellen Sektor ganz grundlegende Veränderungen angestoßen werden. Anstatt Mülltrennen und ökologischen, ›fairen‹ Konsum als alleinige Lösung zu sehen, sollte der aktuellen Produktionsweise und ihrer Fähigkeit, Konsumbedürfnisse zu schaffen, auf den Grund gegangen werden.

Die erwähnten Zahlen zum CO_2-Ausstoß sind abstrakt und schwer greifbar, die verschiedenen Praktiken der Ausbeutung der Umwelt überwältigend oder gar verstörend. In den kommenden Kapiteln werden wir aber noch sehen, dass es gegen all dies auch vielfältige Formen des Widerstands gibt, die durchaus Hoffnung machen.

Ein exklusives grün-kapitalistisches Entwicklungsmodell: die Green Economy

Der Beginn ökologischer Auseinandersetzungen ist schwer zu fassen. Wahrscheinlich müssen bereits die antikolonialen Kämpfe der letzten Jahrhunderte s als Anfang dessen gelesen werden, was heute als Bewegungen gegen Landgrabbing, Rassismus sowie gegen Umweltzerstörung bekannt ist.

Der moderne Umweltschutz jedenfalls geht zurück auf das 19. Jahrhundert. In Europa war er eine Reaktion auf einen befürchteten Ressourcenmangel, dem der Schutz der Wälder entgegenzusetzen wäre. Weitere Impulse wurden aus Nordamerika bezogen, wo besondere Naturlandschaften als schützenswert betrachtet und erste Nationalparks errichtet wurden. Somit vereint der Naturschutz früher Prägung bereits progressive als auch regressive Elemente: Die Gründung von Nationalparks vordergründig durch weiße, wohlhabende Männer bedeutete zwar zusätzlichen Schutz für die Natur, brachte aber oft eine Benachteiligung bis hin zur Vertreibung der dort lebenden Menschen mit sich. Insofern waren die Ursprünge des modernen Naturschutzes Teil eines kolonialen Auftrags. Zusätzlich muss der Umweltschutz als Reaktion auf augenscheinliche Verfehlungen der Bevölkerung im Umgang mit natürlichen Ressourcen und der Umwelt als solcher gesehen werden. Speziell in Deutschland stand der Umweltschutzgedanke lange in enger Verbindung mit den problematischen Zielen der Heimatschutz- sowie den teils auch fortschrittlichen Bestrebungen der Lebensreformbewegung.

Die zweite Welle der Umweltschutzbewegung geht zurück bis in die 70er Jahre des letzten Jahrhunderts. Seitdem arbeiten internationale Organisationen wie die UNO mit ihrem Umweltprogramm *United Nations Environment Programm* (UNEP), ökologisch orientierte Parteien und Nicht-Regierungs-Organisationen (NGOs) wie *Greenpeace*, *Global2000* oder der Bund für Umwelt und Naturschutz Deutschland (BUND) daran, die ökologische

Krise zu bremsen und >grüne Werte< im gesellschaftlichen Mainstream und der Wirtschaft zu etablieren. Die jährlich stattfindenden UN-Klimakonferenzen sind Teil dieser Bestrebungen. Dort geht es insbesondere darum, ein Folgeabkommen für das Kyoto-Protokoll, dem einzigen völkerrechtlich verbindlichen Abkommen zur Reduktion des CO_2-Ausstoßes der Industriestaaten, auszuhandeln. Viele dieser Initiativen werden mittlerweile selbst von großen Umweltschutz-NGOs wie dem WWF oder Greenpeace kritisiert, da nur wenige Teilnehmer_innen zu Zugeständnissen bereit sind. Greenpeace hat 2013 die Verhandlungen in Warschau aus Protest verlassen. Auch die Ergebnisse des Klimagipfels 2014 in Peru wurden von Vertreter_innen der Grünen Parteien und von NGOs als zu schwach kritisiert. Vor allem China und die ölexportierenden Länder, wie die Vereinigten Arabischen Emirate, hätten gemeinsame Beschlüsse zur Reduktion des weltweiten Co_2-Ausstoßes blockiert.

Nichtsdestotrotz halten NGOs und ökologisch orientierte Parteien am Lobbying auf internationaler Ebene fest und forcieren eine Green Economy: eine Wirtschaftsordnung, die zwar weiterhin kapitalistisch, aber effizient, gewinnbringend und gleichzeitig ökologisch arbeitet. Ökologische Innovationen sollen vom Markt ausgehen, der dafür nur den richtigen Ordnungsrahmen benötigt. Alle Hoffnung wird in die Entwicklung grüner Technologien und ökologischer Steuerung gesetzt. Der Politikwissenschaftler Ulrich Brand, prognostiziert zwar dessen Scheitern, gibt aber zu Bedenken, dass die Strategien einer Green Economy wirkungsmächtig werden können:

> »Es wird, wie alle gesellschaftlichen Verhältnisse unter Bedingungen der kapitalistischen Produktionsweise, selektiv sein, vielen Menschen zu mehr Einkommen und einem höheren materiellen Lebensstandard verhelfen, andere Menschen ausschließen oder gar ihre materielle Lebensgrundlage zerstören. Ein relativ stabiles grün-kapitalistisches Entwicklungsmodell wäre notwendigerweise eine exklusive und nur für einige wenige Regionen mögliche Perspektive.«

Obwohl die Themen, die bei Klimagipfeln und ähnlichen Zusammenkünften verhandelt werden, wichtig, ja gerade überlebenswichtig sind, müssen Bestrebungen in diesem Rahmen auf lange Sicht ins Leere laufen. Eine kapitalistisch organisierte Wirtschaft orientiert sich an den vom Kapitalismus vorgegebenen Strukturen: Zentrale Werte sind Wettbewerb, Effizienz und Wachstum. Für die Natur und ihre begrenzten Ressourcen ist insbesondere das wirtschaftliche Wachstum problematisch. Ständig müssen neue Quellen nutzbar gemacht, immer weitere Möglichkeiten zur Wertschöpfung erschlossen werden. Kapitalismus ohne Wachstum ist nicht denkbar, aber irgendwann stößt er an Grenzen. Wie die Wissenschaftler und Aktivisten Steffen Kühne und Tadzio Müller schreiben: »Ewiges Wachstum geht nicht, aus physikalischen und Gerechtigkeitsgründen. Kapitalismus heißt ewiges Wachstum – egal, ob ›grün‹ oder herkömmlich.« Soll also die Natur und Ressourcen verbrauchende Wachstumslogik gebrochen werden, so muss mit dem Kapitalismus gebrochen werden. Die Green Economy tut das nicht.

Dass die UNO und ihre Umweltprogramme sowie Greenpeace und Co. kein Wort über die kapitalistisch organisierte Ökonomie verlieren, ist angesichts der sich aufdrängenden Probleme verwunderlich. Eine Ökologiebewegung, die an die Wurzel der Problematik geht, also ›radikal‹ im eigentlichen Sinn des Wortes ist, wäre gut beraten, die kapitalistische Produktionsweise infrage zu stellen und jetzt schon gangbare, selbstorganisierte Alternativen zu entwickeln.

In den folgenden Kapiteln werden wir gemeinsam die Ursprünge, die zentralsten Aktionen und Diskussionen der sich als radikal verstehenden Öko-Bewegung nachvollziehen. Nicht alle von ihnen sind in jeder Hinsicht progressiv, aus heutiger Sicht ist sicher vieles kritikwürdig.

An Aktionen und Stellungnahmen der Vergangenheit können wir nichts ändern. Wir können nur versuchen, aus den Fehlern unserer Bewegung zu lernen und es selbst besser machen. Das vorliegende Buch soll dazu beitragen, Geschehenes zu reflektieren und Ideen für Zukünftiges zu sammeln, um somit eine breite, kritische Ökologiebewegung voranzubringen.

Pirat_innen des Mitgefühls: die Sea Shepherd Conservation Society

09. Februar 2007, 16:30 Uhr, irgendwo im südlichen Ozean: Der junge Offizier Peter Hammerstedt hält das Funkgerät in der Hand und spricht laut und deutlich auf Englisch: »Nisshin Maru, Nisshin Maru! Hier spricht die Robert Hunter. Sie befinden sich in einem Wal-Sanctuary, hier ist kommerzieller Walfang verboten. Wir raten ihnen dringend diese Gewässer zu verlassen! Sie beteiligen sich an illegalen Handlungen. Das ist keine Protestaktion, sondern die Durchsetzung geltender Gesetze.«

Wenig später nähert sich das Schiff Robert Hunter der riesigen Nisshin Maru. Letzteres, das weiße Schiff aus Japan, ist seitlich mit einem großen ›Research‹ beschriftet. Als die Schiffe nur mehr wenige Meter trennt, ruft der Kapitän Alex Cornelissen ein Signal und rund ein Dutzend dunkel gekleideter und vermummter Aktivist_innen stürmen die Treppen hoch und werfen Flaschen und Rauchgranaten über die Reling, direkt auf das Deck des japanischen Schiffs. Die Flaschen enthalten ekelhaft stinkende Buttersäure. In etwa zeitgleich nähert sich ein Helikopter der Nisshin Maru und wirft ebenfalls Buttersäure ab. Die ungefährliche, aber stinkende Säure verteilt sich über das gesamte Deck des Schiffs und macht dort jegliche Arbeit geradezu unmöglich. Nach wenigen Momenten steht das ganze Schiff unter rotem Rauch, für die Besatzung muss die Sicht extrem schlecht sein. Während sich die Robert Hunter wieder entfernt, gelingt es einem Team im Motorboot sich der Nisshin Maru zu nähern und die Abwasserröhren vom Deck von außen zu verschließen. Auf der Nisshin Maru werden getötete Wale zerlegt und transportiert. Die verschlossenen Rohre sorgen dafür, dass das Walblut nicht abfließen kann und sich an Deck zurückstaut.

Am Rumpf der Nisshin Maru treiben immer wieder kleine Eisschollen vorbei, die Nachmittagsluft ist eisig kalt. Das Schiff ist aber nicht alleine unterwegs. Neben der Robert Hunter, die in voller Fahrt ist, taucht ein kleineres japanisches Walfangboot auf. Seine Seitenwand prägt der Schriftzug ›Kaiko Maru‹. Die lauten Schiffshupen der Kaiko Maru ertönen, sie geben ein Warnsignal ab. Auf der Robert Hunter bricht Stress aus, die beiden Schiffe nähern sich gefährlich schnell. Obwohl der Kapitän versucht, den Kurs zu ändern, ist die die Robert Hunter zu träge und die Kaiko Maru steuert auf Kollisionskurs. Der Offizier ruft seiner Besatzung eine Warnung zu, als die Bordwände der Schiffe bereits aneinander krachen. Der Boden bebt, der Lärm erinnert an einen Donnerschlag. Wer sich nicht rechtzeitig festhalten konnte, den reißt die Wucht des Aufpralls von den Füßen. Nach wenigen Sekunden ist alles vorbei. Die beiden Schiffsrümpfe entfernen sich langsam voneinander. Einzelne Crew-Mitglieder sind unterwegs unter Deck, um den Schaden zu begutachten. Glücklicherweise sind alle an Bord wohlauf. Der Crash hat die Außenwand der Robert Hunter zwar beschädigt, es besteht aber keine direkte Gefahr. Währenddessen entfernen sich die beiden japanischen Schiffe aus dem Aktionsradius der Robert Hunter und ihrem Partnerschiff der Farley Mowat. Nach kurzer Zeit müssen die Aktivist_innen mit ihren beiden Schiffen wegen Spritmangels die Rückreise nach Neuseeland antreten. Nach über einem Monat Suche hatten die Aktivist_innen der Sea Shepheard Conservation Society (SSCS) doch noch die japanischen Walfänger gefunden und bei der Jagd auf Wale gestört. Normalerweise sind Sea Shepherd diejenigen, die Schiffe auf hoher See rammen. Das war dieses Mal anders. Sonst lief eigentlich alles nach Plan: Die Walfangflotte musste ihre Jagd auf Zwerg- und Finnwale frühzeitig abbrechen und trat den Heimweg an, obwohl sie noch nicht die angestrebten 945 Wale geschlachtet hatten. Sie verkündeten sogar offiziell, dass sie wegen der Aktion der SSCS ihre Fangquote nicht erfüllen konnten. Für Kapitän Paul Watson, den Gründer von Sea Shepherd, war dies eine der erfolgreichsten Aktionen im südlichen Ozean, seitdem Japan nahe der Antarktis auf Walfang gegangen war.

Die Gewässer um die Antarktis sind 1994 von der Internationalen Walfang-Kommission zum Schutzgebiet, dem ›Southern Ocean Whale Sanctuary‹, ernannt worden. Dies macht dort kommerziellen Walfang illegal, nicht jedoch den Fang für wissenschaftliche Untersuchungen. Japan behauptet, jährlich Wale im Namen der Wissenschaft zu fangen, was aber völlig unglaubwürdig ist. Paul Watson und seine Crew beziehen sich auf geltendes Recht: Japan betreibe eindeutig illegalen kommerziellen Walfang. Im Zuge der Sea-Shepherd-Kampagne in der Antarktis, militärisch anmutend ›Operation Leviathan‹ genannt, meinte Watson: »Wir haben eigentlich alle Gesetze und Auflagen, die nötig sind, um die Ozeane der Welt zu schützen. Das Problem ist nur, dass es niemanden gibt, der sie durchsetzt.«

Die SSCS ist eine der wenigen Organisationen, die sich dem radikalen Schutz der Meere und ihrer Bewohner_innen verschrieben haben. Mit ihren spektakulären Aktionen, sehr oft am Rande der Legalität, hat sie es geschafft, mediales Interesse auf Themen zu lenken, die sonst keine Aufmerksam bekommen hätten. Paul Watson verließ in den 1970er Jahren Greenpeace. Seit 1977 begab er sich mit unterschiedlichen Besatzungen über zweihundert Mal auf die Meere, um internationale Artenschutzgesetze durchzusetzen oder ihre Verschärfung einzufordern. In ihren Anfängen dokumentierte und störte SSCS vielfach die Treibnetzfischerei, welche dann 1991 weltweit verboten wurde. In den darauffolgenden Jahren überführte Watson mit seiner Crew mehrmals illegale Fangaktivitäten und rammt dabei auch gezielt Schiffe. Er blieb dabei stets seinen Idealen treu und kokettierte mit der Gesetzlosigkeit, als er sagte: »Wir sind Piraten des Mitgefühls und machen Jagd auf die Piraten, die hinter dem Profit her sind.« Tatsächlich wurden die Schiffe der SSCS auch schon von Ordnungsmächten angegriffen: Das japanische Militär schleuderte Schockgranaten an Deck der Bob Barker, und die norwegische Marine entsandte das Kriegsschiff Andenes, um ein Schiff der Sea Shepherd zu rammen und zu beschießen.

Neben dem Einsatz gegen das Schlachten von Robben auf kanadischem Packeis, liegt Paul Watsons Schwerpunkt auf dem Kampf gegen den Walfang. Er wurde in Norwegen sogar für die Versenkung zweier unbesetzter illegaler Walfänger verurteilt, was ihm lediglich einige wenige Tage in Gewahrsam bescherte. Bei ihren Aktionen agiert die SSCS immer beeindruckend geschickt zwischen Gesetzesbruch und Kooperation mit den Behörden und konnte so, auch mit Hilfe prominenter Unterstützer_innen, ernsthafte Konfrontationen mit Gesetzeshüter_innen vermeiden bzw. wenn schon nicht vermeiden, dann zumindest für sich entscheiden.

Eine der umstrittensten Kampagnen der SSCS richtete sich gegen den Walfang der Makah, einer indigenen Community im US-Bundesstaat Washington. Den Makah wurde mit der Unterstützung der Staaten Japan und Norwegen 1998 eine Ausnahmegenehmigung der Internationalen Walfangkommission erteilt, um damit ihr Recht auszuüben und ihre kulturellen und spirituellen Werte weitertragen zu können. SSCS störte physisch und medial die traditionelle Jagd der Indigenen auf Grauwale und verhinderte somit den Tod von einigen Walen. Der medialen Kampagne von SSCS folgten rassistische Übergriffe auf Makah und Kontroversen innerhalb der Ökologie- und Tierrechtsbewegung. Paul Watson arbeitete für dieses Anliegen sogar mit dem für seinen Rassismus bekannten Republikaner und US-Kongressabgeordneten Jack Metcalf zusammen.

Bei diesem Thema zeigt sich Paul Watson leider wiederholt unsensibel: Nach einer Kooperation mit der bekannten Schauspielerin und Tierschützerin Brigitte Bardot benannte die SSCS gleich eines ihrer Schiffe nach ihr. Dass Brigitte Bardot in Frankreich mehrmals wegen rassistischer Aussagen gerichtlich verurteilt wurde und offen mit der rechtsextremen Front National sympathisiert, scheint die SSCS nicht zu stören.

Paul Watson, der nicht nur das Gesicht der Organisation, sondern auch ihr bester Stratege ist, schafft es seit Jahrzehnten trotz – oder gerade wegen – deren spektakulären Aktionen die Öffentlichkeit und die Medien mit seinem Charme auf seine Seite zu ziehen. Mit ihrem Spagat zwischen Artenschutz, Tierrechten und einem augenzwinkernden Piratenkult hat sich die SSCS mittels Medienstunts einen Weg in die Herzen und Spendenbeutel völlig unterschiedlicher Menschen weltweit gebahnt und unterhält mittlerweile Zweigstellen in vielen Ländern der Welt. Mit ›Whale Wars‹ hat Sea Shepherd wahrscheinlich als einzige Artenschutzorganisation der Welt ihre eigene TV-Serie mit über 50 Episoden. Damit hat sie dem Artenschutz für Meerestiere bzw. der mit ihrem Schutz verbundenen Action eine Öffentlichkeit verschafft, die ihresgleichen sucht. Kritik aus den eigenen Reihen konnte Paul Watson allerdings noch nie etwas abgewinnen. So stellte er sich auch schützend vor umstrittene Aktivisten einer weiteren Ökoorganisation, um die es im nächsten Kapitel gehen soll.

Eine Nation von Öko-Krieger_innen: Earth First!

In den frühen 1960er Jahren sind die Bauarbeiten am umstrittenen Glen-Canyon-Staudamm im US-Bundesstaat Arizona beendet worden. Der Damm staut seitdem mit seiner mehr als 200 Meter hohen Mauer den über weite Strecken unberührten Colorado River. Nach harten juristischen Auseinandersetzungen und weitgehenden Zugeständnissen von beiden Seiten hatte schließlich der Sierra Club, die größte Umweltschutzorganisation der USA, dem Staudammprojekt des Bureau of Reclamation grünes Licht gegeben.

Da darin viele Umwelt-Aktivist_innen einen Ausverkauf der Natur durch den Sierra Club wahrnahmen, wandten sie sich von dem traditionsreichen Umweltschutzverband ab.

Spätestens Anfang der 1980er Jahre fanden einige von ihnen einen Weg, ihre Bedürfnisse radikaler zu äußern und grundlegendere Kritik an Eingriffen in die Natur zu üben:

Am 21. März 1981 versammelt sich am späten Vormittag eine Gruppe von rund 75 Menschen am Parkplatz des Besucher_innenzentrums des Glen-Canyon-Staudamms. Es ist keine der Tourist_innengruppen, wie sie täglich mit Bussen herangekarrt werden. Parkranger und mit Fotoapparaten ausgerüstete Tourist_innen beobachten die bunte Gruppe mit etwas Abstand. Manche der etwas unüblichen Besucher_innen beginnen Transparente zu entrollen und Stapel von Flugblättern weiterzugeben. Die anwesenden Parkranger wissen in dem Moment genauso wenig wie die versammelten Tourist_innen, dass sich schon eine kleine Gruppe der Aktivist_innen abgesondert und in Richtung Staumauer auf den Weg gemacht hat. Spätestens als diese beginnt, die Sicherheitsabsperrungen zu überklettern, laufen die Funkgeräte der Sicherheitsbeamten heiß. Am Staudamm angekommen, haben die Aktivist_innen begonnen, ein großes, schwarzes Stoffbündel zu entrollen und über die Kante der Staumauer zu hieven. Rund 210 Meter darunter fließt der Colorado River bzw. das, was hinter der Talsperre davon noch übrig bleibt.

Während auf dem Parkplatz des Besucher_innenzentrums mittlerweile eine lautstarke Demonstration begonnen hat und

Aktivist_innen per Megafon den Abriss des Damms fordern, zeigt sich aus einiger Entfernung an der Staumauer die verbildlichte Forderung der Umweltschützer_innen: Über die oberen zwei Drittel Staumauer prangt ein tiefer Sprung, realisiert durch ein schwarzes Transparent, das die Aktivist_innen entrollt haben. Mit dieser zentralen Forderung und der dazugehörigen Bildsprache schafften es die Aktivist_innen in die Medien. Und mit ihnen der programmatische Name ihrer neu gegründeten Organisation: Earth First!

Ziel der Gründung war es, laut dem damals beteiligten Aktivisten Dave Foremann, die Umweltschutzbewegung in den USA neu zu strukturieren. Der Schwerpunkt sollte von den großen, repräsentativen Institutionen, wie dem Sierra Club, hin zu radikaleren Interventionen verschoben werden. »Earth First ist derzeit die einzige Umweltschutzorganisation, die handelt. Alle anderen sind Debattierclubs«, so Foreman. Viele Aktive um Foreman kamen aus dem Umfeld der antirassistischen und Anti-Kriegs-Bewegung der späten 1960er Jahre, sie waren offensichtlich geprägt von der Friedens- und Hippiebewegung.

In einer programmatischen Erklärung forderte EF! die Einrichtung von Wildniszonen, in denen menschliche Spuren wie Dämme, Straßen und Zugtrassen zerstört werden sollten. Besonders im Westen der USA sollten weite Gebiete der Wildnis übergeben werden, Gebiete von der Größe halber Bundesstaaten. Die Wildniszonen sollten von Menschen nicht mehr permanent besiedelt werden dürfen, ausgenommen mancher indigener Gruppen. Die Verwendung von Maschinen, Autos oder Flugzeugen ebenso wie die Nutzung von natürlichen Ressourcen oder Anbau sollte in den ausgeschriebenen Regionen unterbunden werden, zudem strebte EF! an, eingeschleppte Spezies auszurotten und ausgestorbene Tierarten wieder anzusiedeln.

Die Idee der Wildniszonen war zwar keine komplett neue: schon damals wurden kleine Abschnitte der Landschaft von staatlicher Seite als quasi-museales Anschauungs- und Forschungsprojekt bewahrt. Auch gewann das Konzept des Re-Wilding Unterstützung von unternehmerischer Seite, da es nach erfolgter Ausbeute von Bodenschätzen als Folgeprojekt die so verwüsteten Landstriche wiederaufbauen helfen konnte und so erheblich zum Green-Washing eigentlich umweltzerstörerischer Projekte beizutragen vermochte. Erstmalig am EF!-Entwurf war aber die erfrischend utopische Vision, weite Teile der USA der Wildnis zu übergeben. Neben der aktivistischen Auseinandersetzung um den Glen Canyon Dam forderte EF! auch in anderen Kontexten die Beseitigung hunderte Meter hoher Staumauern und eröffnete damit bis dahin undenkbare – und realpolitisch wahrscheinlich unrealisierbare – Möglichkeiten mit ökologisch problematischen Eingriffen umzugehen.

Die Verbreitung solcher Ideen, der offensive, oft medienwirksame Aktivismus und insbesondere der rebellische Gestus ihres Sprechers Dave Foreman brachten EF! in den ersten Jahren ihrer Existenz beträchtliche Unterstützung ein. Allein der regelmäßige EF!-Newsletter erreichte 1989 rund 10.000 Abonnent_innen.

Die Unterstützer_innen-Basis der aktionsorientierten Ökos war breit gestreut und reichte von Studierenden und Wissenschaftler_innen, über Hippies und Travellers bis hin zu ehemaligen Bankern und Cowboy-Naturburschen. Mit der ›Earth First!‹-nahen Zeitschrift *Do or Die!* hatte die radikale Öko-Bewegung auch in Europa ein sehr professionelles Organ, das aber 2004 eingestellt wurde.

Bis heute gibt es EF!-Gruppen und -Aktionen in den USA, Großbritannien, Kanada, Australien, Niederlande, Belgien, auf den Philippinen, in Tschechien, Indien, Mexiko, Frankreich, Deutschland, Neuseeland, Polen, Nigeria, Slowakei, Irland, Italien und in Spanien.

Seinen ersten wirklich großen Clou startete EF! in den USA im Gros Ventre Range, einer weitgehend unberührten Naturlandschaft im Zentrum der Rocky Mountains in Wyoming. Obwohl die Region eine seltene Vielfalt an Wildtieren und Pflanzen bereithält und einer der wenigen Rückzugsräume für Elche, Bären, Kojoten, Pumas und andere Tiere ist, wurde ein Ansuchen des Erdölunternehmens Getty Oil genehmigt, eine 10 km lange Straße zu bauen, um Probebohrungen durchzuführen. Da offensichtlich über die offizielle Politik nicht viel zu erreichen war, hielt EF! im Sommer 1982 ihr jährliches Sommercamp im Gros Ventre Range ab und fünfhundert wütende und radikalisierte Umweltschützer_innen standen den anrückenden Baggern gegenüber. Diese fanden nicht nur kein Durchkommen, auch waren die Vermessungspfosten für den Straßenbau gleich mehrmals entfernt worden, was Getty Oil Tausende von Dollars kostete. Die blockierten Bagger und Maschinen mussten endgültig abziehen, als wenig später ein erneut angefordertes Umweltgutachten zum Schluss kam, dass Bohrungen im Gros Ventre Range unwiederbringlich die natürliche Lebensgrundlage von unzähligen Tieren und Pflanzen zerstören würden. Daraufhin wurde die Region vom US-Kongress zur geschützten Region ernannt, was Eingriffe durch Erdölfirmen für immer verhinderte. Earth First! hatte in diesem Fall definitiv gewonnen!

Monkey-Wrenching

Die zentralen Aktionsformen von Earth First! sind Blockaden und Besetzungen. Erfolge wie in Wyoming zeigten aber nicht nur die Effektivität von Massenblockaden, sondern auch die Macht der Sabotage. Das *›Monkey-Wrenching‹*, wie die Aktivist_innen die Sabotage in Anlehnung an den oft benutzten Schraubenschlüssel nannten, ermöglichte es, mit kleinen nächtlichen Aktionen einer Handvoll Aktivist_innen hohe wirtschaftliche Einbußen für Unternehmen zu verursachen und damit ihre Gewinne zu schmälern – und die, das wussten die Aktivist_innen von Earth First! sehr wohl, waren die Motivation zur Zerstörung der Umwelt. Aus dieser Perspektive war es nur folgerichtig, dass die Aktivist_innen um Dave Foreman die Sabotageakte zum Schutz der Umwelt forcierten.

Foreman veröffentlichte 1989 das Buch *Ecodefense: A Field Guide to Monkeywrenching* ein, das mittlerweile frei im Internet verfügbar ist, und leitete es mit den Worten ein:

> »Für die Bürokrat_innen und Ausbeuter_innen sind die Reparaturkosten, die Verzögerungen und Ärgernisse, sowie die Ausfallszeiten oft einfach nicht tragbar, wenn eine breite, ungreifbare Bewegung im ganzen Land aufbegehrt. Es ist an der Zeit, dass Männer und Frauen, allein oder in Kleingruppen, mit ihren Schraubenschlüssel losziehen, um die Maschinen zu sabotieren, welche die natürliche Vielfalt bedrohen. Sabotage ist vielleicht verboten, sie macht aber Spaß, ist einfach und völlig ungefährlich; das Wichtigste aber: sie ist überaus effektiv, um Abholzung, Straßenbau, Öl- und Erdgasförderung, Bergbau, die Errichtung von Dämmen, die Ausbreitung städtischer Strukturen und die Zerstörung der Umwelt zu stoppen.«

Ecodefense erklärt die Basics der Ökosabotage, wie Bagger und Planierraupen sabotiert oder Bäume mit Nägeln gespickt werden können, um den Schaden in die Höhe zu treiben – und bringt damit EF! schon in den 1980er Jahren die Bezeichnung »Softcore-Terroristen« durch das FBI ein.

Insbesondere letztgenanntes Treespiking verbreitete sich Anfang der 1980er Jahre in den USA rasant und wurde quasi am ganzen nordamerikanischen Kontinent genutzt, um Holzfällern das Leben schwer zu machen. Beim Treespiking wird ein Nagel in den Stamm eines potenziell bedrohten Baumes versenkt. Stößt ein Holzfäller darauf, so kann die benutzte Kettensäge beschädigt werden. Wird der Baum trotz Nagel gefällt, so können die Sägeblätter des Sägewerkes beschädigt oder zerstört werden, sobald der Baum zerschnitten wird. Durch die Einfachheit der Aktion wurde Treespiking geradewegs zu einem ›Volkssport‹, um Holzfäller zu ärgern und deren Arbeit beschwerlich und kostspielig zu gestalten.

Im Jahr 1987 änderte sich das Klima bezüglich des Treespikings jedoch rapide. Im Mai desselben Jahres wurde ein junger Holzarbeiter in einem nordkalifornischen Sägewerk der Firma Louisiana-Pacific lebensgefährlich verletzt, nachdem eines der Sägeblätter barst und dem Arbeiter ein drei Meter großes Stück ins Gesicht schleuderte. Das Metall durchschlug einen Teil seines Gesichts und kappte eine Halsschlagader. Ursache des Unfalls war ein im Baum versenkter Nagel, an dem das Sägeblatt zerbrach. Der Arbeiter überlebte nur knapp. Der Vorfall machte Schlagzeilen und führte zu einem neuen Gesetz, das Treespiking in den USA zu einer Straftat machte. Erst später wurde bekannt, dass sich die Arbeiter_innen im Sägewerk schon zuvor um die abgenutzten Sägeblätter und vor allem ihre eigene Gesundheit gesorgt hatten. Nachdem ihr Chef sie vertröstet und den Wechsel der Blätter aufgeschoben hatte, blieb den Holzarbeiter_innen nichts anderes übrig, als an die Arbeit zurückzukehren. In einem Interview erinnert sich der betroffene Arbeiter, wie er in seinem eigenen Blut am Boden lag: »Ich war mir sicher, ich würde sterben. Alles, woran ich denken konnte war mein Chef, der mich lächerlich machte, als ich mich über das abgenutzte Sägeblatt beschwerte. Ich winkte ihn heran, um ihn an der Gurgel zu packen. Wenn ich schon sterben musste, so wollte ich dieses Arschloch zumindest mitnehmen.«

Obwohl fehlende Sicherheitsvorkehrungen mitschuldig an dem tragischen Unfall waren, ging eine ganze Reihe von EF!-Lokalgruppen zu der Sabotagepraxis auf Distanz. Der eigentliche Verursacher des gespikten Baums wurde jedoch nie gefasst. Der Imageschaden für EF! war enorm, obwohl davon ausgegangen wurde, dass die Urheber_innen des Spikes nichts mit EF! zu tun hatten.

Treesitting und Rohrbomben

Schon Jahre vor dem Unfall zeigte sich, dass Treespiking den Unternehmen zwar einiges an Problemen und vor allem Kosten verursachte, die betreffenden Bäume meistens aber dennoch gefällt wurden. Dies veranlasste EF! dazu, sich neue Strategien zu überlegen. Nach dem Vorbild neuseeländischer Aktivist_innen begannen EF!ler_innen ab 1985 damit, Bäume zu besetzen, das sogenannte Treesitting. Die Aktivist_innen versuchten u.a., die im Nordwesten der USA gewachsenen Mammutbäume zu retten – über 80 Meter hohe Bäume, deren Stammdurchmesser 15 oder mehr Meter umfasste und die 2.000 bis 3.000 Jahre alt sein konnten. Diese sind zwar unvergleichbar größer, älter und schwerer zu erklettern als die Bäume neuseeländischen Typs, aber es erwies sich als effektive Aktionsform, die dann immer häufiger eingesetzt wurde.

Beim Treesitting wird mittels einer möglichst hoch am Baum installierten Plattform der Baum besetzt. Somit ist das Fällen nur möglich unter Inkaufnahme der schweren Verletzung oder möglichen Tötung der am Baum befindlichen Aktivist_innen. Die Versorgung der Aktivist_innen funktioniert in der Regel über sich am Boden befindliche Unterstützer_innen. Bei der am längsten andauernden bekannten Baumbesetzung harrten rund ein Dutzend Aktivist_innen beinahe zwei Jahre auf alten Eichen am Gelände der University Berkeley in Kalifornien aus. Erst mit der Zerstörung ihrer Plattformen wurden sie im Sommer 2008 zum Aufgeben gezwungen.

Dass Treesitting nicht ganz ungefährlich ist, weil die Aktivist_innen von der rücksichtvollen Zurückhaltung der Holzfällern bzw. ihrer Bosse abhängig sind, zeigte sich leider schon drei Jahre nach der ersten Baumbesetzung in den USA. Ein Umweltaktivist erlitt im Osten von Texas gleich mehrere Knochenbrüche, als der Baum, den er besetzt hatte, gefällt wurde. Und leider war dies kein einmaliger Vorfall: Im Laufe der letzten Jahrzehnte wurde eine ganze Reihe von Aktivist_innen, meist im Zuge von versuchten Räumungen, zum Teil schwer verletzt. Den traurigen Tiefpunkt bildet der Tod eines jungen ›Earth First!‹-Aktivisten, der aus ungeklärten Umständen im Oktober 2002 von einem Baum fiel. Da er sich zum Zeitpunkt des Unfalls allein auf dem Baum nahe des Mount Madonna County Park in Kalifornien befunden hatte und in diesem Fall keine Räumung unmittelbar bevorstand, blieb der Grund seines Absturzes ungeklärt.

Ebenso ungeklärt blieb ein Vorfall im Umfeld von Earth First!, der bis heute Rätsel aufgibt: Im Jahr 1988 stieß die Gewerkschaftsaktivistin Judi Bari zu EF! und bereicherte die Organisation, die von fünf bärtigen Männern gegründet worden war, mit ihrem feministischen Zugang. Sie hatte sich bei Earth First!, das von fünf bärtigen Männern gegründet worden war, für feministische Inhalte stark gemacht. Bari zufolge hing die Organisation dem Mythos »große Männer gehen raus in die Wildnis und schützen große Bäume« an und machte damit die von Frauen im Hintergrund geleistete Arbeit unsichtbar. Eine Realität, die übrigens in zahlreichen ökologischen Zusammenhängen bestand. Ihren Fokus setzte Bari aber auf die Bewahrung der Redwood-Urwälder. Als erste Umweltschützerin überhaupt setze sich Bari dafür ein, Holzarbeiter_innen dabei zu unterstützen, sich in der linken Basisgewerkschaft Industrial Workers of the World zu organisieren. Sie akzeptierte damit die Tatsache, dass viele ihren Job der Umweltzerstörung nicht aus Verachtung gegenüber der Natur, sondern aus blankem ökonomischen Zwang nachgingen. Da aber die Situation bei Blockaden und Protesten nichtsdestotrotz immer wieder eskalierte, da Holzfäller sich tatsächlich in ihrer Existenz bedroht sahen, setzte EF! auf breitere Proteste und mobilisierte bundesweit an Universitäten, um im Sommer viele Unterstützer_innen in den Wäldern zu wissen. Judi Baris Aktivitäten erhitzten die Gemüter unter den Holzfällern und sie entging einmal nur knapp einem schweren Unfall, als ein Holztransporter absichtlich ungebremst ihr Auto rammte.

Im Mai 1990 besuchten Judi Bari und ihr Mitstreiter Darryl Cherney zahlreiche Universitäten, um Studierende für Ökoproteste zu mobilisieren. Als Bari und Cherney am 24. Mai in Oakland in ihr Privatauto stiegen, explodierte eine mit Nägeln gespickte Rohrbombe unter dem Sitz der Fahrerin. Während Cherney nur geringfügig verletzt wurde, erlitt Bari lebensgefährliche Verletzungen. Noch am selben Tag wurde die Umweltaktivistin wegen des illegalen Mitführens explosiver Stoffe unter Arrest gestellt, und wochenlang feuerten Medien die Hetze gegen die vermeintlichen Ökobombenleger_innen an. Bari und Cherney wurde unablässig unterstellt, eine Bombe transportiert zu haben, um damit einen Anschlag zu begehen. Erst Wochen später gab das FBI widerwillig bekannt, dass es keinen einzigen Hinweis gab, der die beiden Aktivist_innen in Zusammenhang mit der Bombe brachte. Judi Bari erholte sich zwar langsam von ihren schweren Verletzungen, erlag aber 1997 ihrer schweren Krebserkrankung.

Seitdem wurde viel über die möglichen Bombenleger_innen spekuliert. Den jüngsten Recherchen Darryl Cherneys zufolge ist es naheliegend, dass die Bombe vom FBI selbst gelegt worden war. Bis in die 1970er Jahre betrieb das FBI ein geheimes Programm unter dem Titel COINTELPRO zur Zerschlagung politischer Bewegungen unter Zuhilfenahme illegaler Methoden, um Aktivist_innen zu überwachen, Streit in Organisationen zu säen und einzelne, besonders zentrale Aktivist_innen sogar zu ermorden. Eine Fortsetzung dieser Methoden kann nicht ausgeschlossen werden. Ganz in diesem Sinne kommentierte Bari die Explosion, als sie sich von den beinahe tödlichen Verletzungen erholt hatte: »Ich hoffe, das FBI findet die Täter bald – und wirft sie raus.«

Biozentrismus

So unterschiedlich die Hintergründe der Unterstützer_innen und Aktivist_innen von EF! waren, so diffus waren die geäußerten Inhalte. In der Repräsentation wurde die Organisation von Anfang an stark von ihrem Mitbegründer Dave Foreman dominiert, der ein beliebter und überaus emotionaler Redner war. Earth First! schrieb sich eine anarchistischen Weltanschauung auf die Fahnen, trat aber meist eher unpolitisch auf. Neben verbrämtem Patriotismus der Note ›Wildnis ist Amerika‹ mit Stars & Stripes fanden sich Versatzstücke von Neuheidentum und Hippieästhetik. In den Anfangsjahren verband ›Earth First!‹-Aktivist_innen vermutlich oft weniger die politische Position als ihre Ablehnung der Industrialisierung und ihr ausgesprochener Naturromantizismus.

Folgt man ihren Publikationen, so ist EF! vor allem dem Biozentrismus verbunden, einem ethischen Konzept, welches die Integrität von Ökosystemen über wirtschaftliche oder politische Interessen stellt. Der Biozentrismus spricht allem Lebendigen einen ethischen Eigenwert zu und steht der Tiefenökologie, einem Konzept des norwegischen Philosophen Arne Naess nahe. Naess zufolge ist das Ziel ein fundamentaler Wandel der Mensch-Natur-Beziehung auf mehreren Ebenen. Zuallererst wird der Mensch als in der Natur lebend, anstatt außerhalb der Natur stehend, bestimmt. Anschließend an östliche Philosophien, wie dem Taoismus, wird eine neue Philosophie und Psychologie des Selbst gefordert. Es wird versucht, mittels Ritualen, Kunst, Poesie und Selbsterfahrung in der Natur wieder eine verstärkte Bindung zur Erde aufzubauen. Der Biozentrismus fordert ein holistisches Verständnis der Welt und ihrer Vorgänge. Die Erde ist demnach nicht nur die Summe aller einzelnen Vorgänge auf ihr, sondern das Leben auf ihr stellt ganz zentral die Bedingungen zu ihrer weiteren Fortexistenz her: Ein ineinander greifendes Netzwerk von biochemischen Vorgängen, das mit dem Wegfall einzelner Komponenten nicht weiter funktionieren kann. Unter dem Schlagwort ›Gaia‹ wurde in die Erde sogar ein belebtes, meist weibliches Wesen projiziert. Biozentrist_innen sehen sich selbst in zukünftigen Zeiten bei der Jagd und beim Sammeln von Früchten, folgen demnach einer primitivistischen Utopie, die in Foremans Spruch *»Zurück ins Pleistozän!«* und im EF!-Logo, einem Schraubenschlüssel, den ein Steinbeil kreuzt, Ausdruck findet:. Jede Ökoregion sollte, dem Philosophen Naess und dem Bioregionalismus zufolge, nur eine festgelegte Anzahl von Menschen beheimaten. Zudem wurde auch versucht, sich eher auf Wissen vormoderner Schaman_innen und Indigener zu berufen, als positivistischen Wissenschaften blind zu folgen. Konkret identifizieren sich Biozentrist_innen vor allem mit ihrer Bioregion und messen, zumindest in der Theorie, Menschen dabei keinen höheren Stellenwert bei als anderen Lebewesen. Spricht der Biozentrismus allem Lebenden einen Eigenwert zu, so geht die Tiefenökologie noch weiter und sieht selbst in abstrakten Entitäten wie Populationen oder ganzen Ökosysteme Wesen mit einem Eigenwert. Dies führt zu wahrlich esoterischen Anwandlungen, die auch vielen Biozentrist_innen zu weit gehen.

Da EF! keine ganz klare inhaltliche Richtung vertrat und die Aktivist_innen sehr unterschiedlich politisiert waren, bot die ideologische Basis des Biozentrismus ein recht weites Feld, auf dem sich viele unterschiedliche Menschen engagieren konnten. Dies trug zum Erfolg der Organisation Ende der 1980er Jahre bei. Es lud aber auch ein, undifferenzierte Schlüsse zu ziehen und bedenkliche Inhalte zum Besten zu geben. Dave Foreman, das Aushängeschild von EF!, war für seine überspitzten Darstellungen bekannt und ließ sich hinreißen, Earth First! mit einer »Armee von Kriegern« zu vergleichen, die »sich dem Koloss der Umweltzerstörung in den Weg stellen; wie Antikörper gegen den Krankheitserreger Mensch«, der den Planeten bedroht. Dabei wetterte er über Umweltzerstörung als »Vergewaltigung der Mutter Erde« und sah die große Zahl der auf Erden lebenden Menschen als Ursache der Umweltverschmutzung an. In einem EF!-Newsletter 1987 dachte der Redakteur Christopher Manes laut über den HI-Virus (Aids) als mögliches »Selbstregulativ« der Bevölkerung, als »natürlicher Abwehrmechanismus Gaias« nach. Zu allem Überfluss verteidigten Foreman und andere Gründungsmitglieder rassistische Aussagen des Autors und Aktivisten Edward Abbey, der EF! in den Anfangsjahren sehr nahe stand und mit seinem bekannten Buch *Die Monkey Wrench Gang* eine ganze Generation US-amerikanischer Ökoaktivist_innen inspirierte.

In der Folge entbrannte eine Diskussion in und um Earth First!, die sich um Machismo, Rassismus, Biologismus und Aktivismus drehte und dem Image des Aktionsnetzwerkes EF! nachhaltig Schaden zufügte. Die antirassistische Gruppe *Alien Nation* thematisierte die rassistischen Aussagen des EF!-Mitbegründers Edward Abbey, wonach die Grenzen dicht gemacht werden sollten, um Immigration aus ökologischen Gründen zu stoppen, und die ökofeministische Theoretikerin Carolyn Merchant bemängelte die patriarchale Schieflage des Biozentrismus. Judi Bari, die bekannte linke EF!-Aktivistin war sich hingegen sicher, dass Biozentrismus auch feministisch sein kann. Die inhaltliche Ausrichtung von Earth First! war lange umkämpft. Der bekannte ökoanarchistische Theoretiker Murray Bookchin, einer der schärfsten Kritiker von EF!s politischer Positionierung, beschrieb Biozentrismus als »einen Wildniskult im besten und intellektuell frivol im schlechtesten Fall« und bezeichnete EF!-Aktivist_innen als »krude Ökobrutalos« und ihren Anarchismus als »rein rhetorisch«.

Die Kritik und weitere Entwicklungen führten dazu, dass sich der »große Mountain-Man« Dave Foreman, wie ihn Bookchin verächtlich nannte, schließlich aus der Organisation zurückzog und neuen, jüngeren Aktivist_innen mit anderen Schwerpunkten Platz machte.

Heute ist Earth First! nach wie vor aktiv und mittlerweile eindeutig progressiv und linksradikal positioniert. Die Diskussionen der letzten Jahrzehnte scheinen nachhaltige Reflexionen mit sich gebracht zu haben. Dies bewies EF! 2013: Damals fiel die US-Organisation *Deep Green Resistance* mit transphoben, also gegen Transgender-Personen gerichtete Aussagen auf. Dies passt vielleicht zum biologistischen und naturromantizistischen Weltbild mancher Umweltschützer_innen, hat aber für Transgender-Personen ganz konkrete, ausschließende Folgen. Dies wurde vom Redaktionskollektiv des EF!-Journals sehr berechtigt kritisiert:

> Während wir sicher nicht mit allen einer Meinung sein müssen, deren Stellungnahmen oder Aktionen wir diskussionswürdig finden, werden wir in Zukunft keine Gruppen oder Personen zu Wort kommen lassen, deren politische Kernideen den Ausschluss und die Unterdrückung anderer beinhalten. Es ist sehr gefährlich und kurzsichtig eine der am meisten marginalisierten Communitys weiter auszuschließen, die gleichzeitig großartige Erkenntnisse, Fähigkeiten und überaus viel Handlungsmacht zum Kampf gegen das Patriarchat beitragen kann.«

Im ›Earth First!‹-Journal werden mittlerweile nicht nur die ›klassischen‹ Themen radikaler Umweltschutz und Aktivismus abgedeckt, sondern auch Antirassismus, Tierbefreiung, Feminismus und ihre ökologischen Implikationen diskutiert.

Hau weg den Scheiß! Militanter Widerstand gegen Atomenergie

Mitten in der Nacht gibt es einen gewaltigen Knall. Die Uhr zeigt 01:30 Uhr. Viele Anwohner_innen der Gegend werden aus dem Schlaf gerissen. Die Umgebung des Betriebsgeländes ist hell erleuchtet. Es erinnert an eine durch zahlreiche Blitzschläge hell erleuchtete Gewitternacht, der Anblick ist atemberaubend. Durch Kurzschlüsse erschöpft sich das Feuerwerk schließlich in einen unglaublichen Funkenregen. Danach ist es dunkel, stockdunkel. Und still. Rund eine dreiviertel Stunde dauert es, bis es wieder Strom gibt.

Am 20. Oktober 1979 haben Unbekannte einen Wettermast des Schweizer Kernkraftwerks Gösgen aus seiner Verankerung gesprengt. Der außerhalb des Betriebsgeländes stehende 110 Meter hohe Stahlmast fiel. Er stürzte in eine dem AKW angeschlossene 400.000-Volt-Transformatorenanlage und zerstörte diese zum Teil.

Allen war sofort klar: Dies war die Handschrift militanter Atomkraftwerk-Gegner_innen. Im Schweiz der späten 1970er und frühen ‚80er Jahre fanden derlei Anschläge in regelmäßigen Abständen statt: Juli ‚78 Sprengstoffanschlag auf einen für das Kernkraftwerk Leibstadt bestimmten Transformator, Oktober ‚79: Brandanschlag auf den Informationspavillon des Kernkraftwerks Gösgen, Februar ‚79: Sprengstoffanschlag auf den Informationspavillon auf dem Gelände des baubereiten Kernkraftwerks Kaiseraugst sowie auf das Werksgelände des Kernkraftwerkes Leibstadt...

Ähnlich wie in Deutschland, Italien oder Frankreich nutzten die AKW-Gegner_innen in der Schweiz alle möglichen Mittel, um der Atomindustrie Schaden zuzufügen. Nur wenige Monate zuvor hatte eine Kernschmelze im US-amerikanischen Reaktor Three Mile Island die unsichtbare Bedrohung verdeutlicht, die von AKWs ausgeht. Das Bild eines auf einer nahe gelegenen Farm geborenen Kalbs mit zwei Köpfen ging um die Welt und versinnbildlichte den Schrecken, die diese unberechenbare Technologie birgt.

»Einige greifen Atombosse mit Molotows an, andere machen Massendemos in Kaiseraugst; sie bedienen sich nur anderer Mittel, ihr Kampf ist aber ein und derselbe«, äußerte sich damals ein Aktivist auf einer Versammlung von Atomkraftgegner_innen und brachte die Geisteshaltung der Schweizer Aktivist_innen auf den Punkt. Die Sabotageaktionen waren eingebettet in eine breite Ökologiebewegung, die Aktivist_innen wurden so gut wie nie ausfindig gemacht.

Nachdem aber in Fläsch ein Stahlgittermast der Nordostschweizerischen Kraftwerke AG (NOK) gesprengt worden war und wenig später, am 24. Dezember 1979, ein weiterer Sprengstoffanschlag auf die Kraftwerkzentrale Sarelli, ebenfalls im Besitz der NOK, durchgeführt wurde, klickten die Handschellen. Die beiden Anarchisten Marco und René wurden verhaftet und kurz darauf angeklagt. Vor Gericht gab Marco die Anschläge zu und schilderte seine Beweggründe:

> »Wir betrachten uns als Teil der weltweiten proletarischen und ökologischen Front. Wir sind aktiv solidarisch mit den kämpfenden Völkern und Unterdrückten der Welt, der Metropolenguerilla, mit allen Organisationen, Gruppen, Personen, die für Selbstbestimmung, persönliche und kollektive Befreiung aktiv und passiv, militant oder nicht, Widerstand leisten gegen Kapital, Staat, Imperialismus und Faschismus.«

Darüber hinaus bewies er sogar noch vor Gericht Humor: »Warum der Termin des Sarelli-Anschlags auf die Weihnachtsnacht fiel? Neben dem sicherheitstechnischen Aspekt war es eine Solidaritätsbekundung für Jesus, den Konspirator, Nomaden, Sozialrevolutionär, Aufwiegler, Klassenkämpfer…« Marco wurde zu zehn und René zu siebeneinhalb Jahren Haft verurteilt. Doch auch die folgenden Jahre gestalteten sich turbulent für den Ökoanarchisten Marco: Nach einem Jahr Haft gelang ihm mit anderen Inhaftierten die Flucht aus dem Knast, bei der eine Wache zu Tode kam. Nach zehn Jahren im Untergrund wurde Marco 1991 ein weiteres Mal verhaftet, wieder eines Mordes beschuldigt und wegen weiterer Sabotageaktionen gegen die Atomwirtschaft verurteilt.

Marco Carmenisch sitzt noch heute in Haft und ist einer der bekanntesten und aktivsten politischen Gefangenen der Schweiz.

Ähnlich wie in der Schweiz verschärfte sich der Konflikt um die Atomenergie in Deutschland in den 1970er und 80er Jahren zunehmend. In der Schweiz ebbten die Aktionen mit der Zeit ab, während sie in Deutschland anhielten. Allein 1986 gab es den Behörden zufolge rund 80 Anschläge auf Strommasten. In nur zwei Jahren verursachten militante Atomkraftgegner_innen allein in Schleswig-Holstein fünf Millionen Euro Sachschaden. Gruppen mit Phantasienamen wie »Progressive Gartenzwerge«, »Revolutionäre Heimwerker« oder »Marmor, Stein und Eisen bricht« bekannten sich zu den Aktionen. Als im Januar 1985 nahe dem AKW Krümmel ein 70 Meter hoher Strommast umgelegt wurde, bekannte sich die Gruppe »Hau weg den Scheiß« dazu. Die polizeiliche Erkenntnislage zu den Urheber_innen der Aktionen war eigenen Angaben zufolge »selten schlecht«. Die einzige Verhaftung gab es 1986 nach der Krankenhauseinlieferung einer vermeintlichen Aktivistin mit schweren Verbrennungen durch einen umgestürzten 220.000-Volt-Mast in der Nähe von Darmstadt.

Kristallisationspunkt deutscher Anti-AKW-Proteste war aber unbestritten das Atommüll-Endlager Gorleben im Wendland. Dort hatte sich aus den bäuerlichen Strukturen eine sehr starke und radikale Anti-AKW-Szene gebildet, die beinahe jährlich zivilen Ungehorsam gegen weitere Atommülltransporte leistete. Gorleben war eine der wenigen ökologischen Kampagnen, der sich linke und linksradikale Organisationen anschlossen. Da ein Teil der Transporte mithilfe der Deutschen Bahn zurückgelegt wird, war diese ab Mitte der 1990er Jahre Ziel zahlreicher Anschläge. Von 1994 bis 1996 sollen es laut dem deutschen Verfassungsschutz – einer für gewöhnlich unzuverlässigen Quelle – rund 250 militante Aktionen gegen das Bahnunternehmen gewesen sein. Neben Sachbeschädigungen und Sprühaktionen kamen immer wieder Hakenkrallen zum Einsatz – selbstgebogene Widerhaken, die über die Oberleitung geworfen werden. Fährt ein Zug ein, verfängt sich der Hacken an ihm und reißt die Oberleitung mit sich. Der Schaden ist beträchtlich.

Mit allen Hochs und Tiefs einer Protestkultur hält der breite, vielfältige Widerstand in Gorleben bis heute an.

Gänzlich anders entwickelte sich die organisierte Atomkraftgegnerschaft in Österreich. Nach der Genehmigung des Atomkraftwerks Zwentendorf im Jahr 1969 wurde das Thema hoch emotional verhandelt und breite Proteste formierten sich. Die Baustellenbesetzung des ersten deutschen AKWs in Wyhl 1975 und die teils erfolgreichen Versuche in der Schweiz, AKW-Projekte zu verhindern, motivierte die österreichische Umweltschutzbewegung. Als die Anlieferung der ersten Brennstäbe nach Zwentendorf durch spontane Demonstrationen verhindert wurde und die strahlende Ladung nur mittels Hubschrauber herangeschafft werden konnte, ordnete der sozialdemokratische Bundeskanzler Bruno Kreisky eine Volksabstimmung über die Inbetriebnahme des AKWs an. 1978 stimmte eine knappe Mehrheit der Bevölkerung dagegen. Die Nichtinbetriebnahme des fertiggestellten AKWs in Niederösterreich hatte das ›Atomsperrgesetz‹ zur Folge, das seit dem atomaren Unfall 1986 im ukrainischen Tschernobyl auch auf einem breiten Konsens gegen Atomenergie in der Bevölkerung fußt.

Noch bevor das Atomsperrgesetz in Kraft trat, wurde dafür Sorge getragen, dass auch das zweite geplante AKW Österreichs nur ein Traum der Atomindustrie blieb: Im März 1978 fällten Unbekannte im niederösterreichischen St. Pantaläon einen 70 Meter hohen, begehbaren Wettermast, der der meteorologischen Beobachtung des noch zu bauenden AKWs dienen sollte. Der Mast und die darauf befindlichen Messgeräte wurden völlig zerstört.

Obwohl Österreich seitdem AKW-frei ist, regte sich immer wieder Widerstand gegen den Import von Atomstrom. Letzterer veranlasste 1995 zwei Aktivisten der linksradikalen Szene Wiens zu dem Versuch, eine der zwei Hauptversorgungsleitungen der Bundeshauptstadt zu kappen, welche Teil einer transeuropäischen Stromautobahn ist. Südlich von Wien, in Ebergassing, sollte nachts ein Hochspannungsmast mittels vier Sprengladungen zum Einknicken gebracht werden. Die Aktion sollte eine Schelte für die verlogene, nationalistische Politik Österreichs sein: Solange die AKWs und in Osteuropa gebaut wurden und somit das Risiko exportiert wurde, kaufte man gerne den billigen Atomstrom.

Standen die AKWs aber in oder zu nahe an Österreich (wie etwa das tschechische AKW *Temelin*), ging die Bevölkerung auf die Barrikaden und führte im Jahr 2000 sogar symbolische Grenzblockaden zum benachbarten Tschechien durch.

Doch der Plan der beiden Militanten schlug fehl: Bereits bei der Installation der rund 100 kg Sprengstoff führte das Magnetfeld der Starkstrom-Leitung zur sogenannten Autoinduktion: Einer der Sprengsätze entzündete sich selbst. Die Wucht der Explosion tötete die beiden Aktivisten sofort. Rund eine Woche nach dem Unfall wurden die Leichen von einem Anwohner gefunden.

Ahimsa der Wirtschaftsordnung: die Erd-Demokratie

Im Laufe des Jahres 2004 haben sich rund 16.000 Kleinbäuer_innen in Indien das Leben genommen. Die beiden Bundesstaaten Andhra Pradesh und Pandsch hatten landesweit nicht nur die höchste Suizidrate, sondern auch die höchste Abhängigkeit von Hochertragssorten, die höchste Durchdringung von *Monsanto*-Saaten und die höchste Konzentration der industriellen Landwirtschaft. Die zahlreichen Suizide lassen sich auf die aussichtslose Lage von Millionen von indischen Kleinbäuer_innen zurückführen. Sie waren durch falsche Versprechungen auf Ertragserhöhung in eine massive Verschuldung gerutscht und mussten zudem noch die hohen Kosten für Aussaat-Material, Dünger und Pestizide tragen. Berücksichtigt man, dass die hohe Suizidrate das Resultat einer globalisierten Wirtschaftspolitik war, so solle man nicht weiter von Suizid, sondern von einem Genozid sprechen, so die Ökofeministin Vandana Shiva. Mit der Etablierung des Anbaus von gentechnisch veränderten Pflanzen in riesigen Monokulturen für den Export haben Unternehmen wie Monsanto nicht nur Millionen verdient, sondern auch die Jahrhunderte lang tradierte Subsistenzwirtschaft indischer Kleinbäuer_innen und die Fruchtbarkeit des Bodens zerstört.

Die indische Physikerin und Aktivistin Shiva hat sich dem Kampf gegen Agrarkonzerne und die Privatisierung des Wassers verschrieben und fasst ihre Vision einer besseren Welt unter dem Schlagwort *Erd-Demokratie* zusammen.

Mit starkem Bezug zur Geschichte Indiens verfolgte sie den Wandel der Produktions- und Besitzverhältnisse des Landes und entwickelte in den letzten drei Jahrzehnten, gemeinsam mit anderen Aktivistinnen und Wissenschafterinnen, eine alternative Wirtschaftsgeschichte, in der die Natur die größte Produzentin ist: Die Ökonomie der Natur umfasst das Bestäuben von Pflanzen, die Produktion von Humus sowie die Reinigung des Regenwassers. Die menschliche Wirtschaft wäre gar nicht imstande, wichtige Teile davon zu erledigen, zähle aber diese Errungenschaften in der

Regel nicht zum relevanten wirtschaftlichen Kreislauf. Aufbauend auf die Naturwirtschaft funktioniere die Bedarfsökonomie der Menschen, eine Wirtschaftsweise, die im Grunde die Produktion von Nahrungsmitteln zur Selbstversorgung umfasse. Während die Bedarfsökonomie lokal und allein schon aus Eigeninteresse nachhaltig funktioniere, zieht die später etablierte Marktwirtschaft Ressourcen in großen Mengen zum anderweitigen Gebrauch und Export ab. Der Schlüssel des Erfolgs der Marktwirtschaft sei die Beanspruchung fremder Ressourcen. Im Zuge kolonialer Unternehmungen wurde so Gemeinschaftsgrund enteignet und unter Privatbesitzern aufgeteilt, was unter der Phrase der ›Einhegung der Allmende‹ weltweit ein Wirtschaftssystem durchsetzte, das auf Gewinn ausgerichtet war. Der Gewinn war jedoch nur für einzelne abschöpfbar; in Summe ist dieses Wirtschaftsmodell ein Verlustgeschäft, es sei denn, die ökologischen Folgekosten (ausgelaugte Böden, verschmutzte Flüsse...) werden externalisiert, also der Gemeinschaft der Menschen überlassen. Über die Jahrhunderte hatte sich die Marktwirtschaft gegen die eigentlich sehr stabile Natur- und Bedarfsökonomie durchgesetzt. Seitdem dominiert sie das Verhältnis zwischen den drei so unterschiedlich funktionierenden Wirtschaftsweisen und etablierte damit eine ökologisch, sozial und politisch höchst instabile Konstellation von Mensch, Natur und Kapital.

War die indische Gesellschaft vor dem Kolonialismus noch von den Allmenden, also von gemeinschaftlich genutzten Ressourcen, wie Wasser, Boden, Saatgut und Wald, geprägt, so bildete sich nach dem Vorbild Englands bald ein auf Privatbesitz und Konkurrenz aufgebautes Wirtschaftssystem heraus. Die Selbstversorgung und weitgehende Selbstbestimmung der Kleinbäuer_innen wurde zu einem System, in dem Besitzlosen nicht nur die Existenzberechtigung, sondern auch die Lebensgrundlage entzogen wurde. Die Entstehung erster international agierender Konzerne und die britische Kolonialpolitik taten ihr Übriges und die indische Wirtschaft und mit ihr Millionen Menschen aus ökonomisch schwachen Verhältnissen waren wirtschaftlich am Boden.

Seitdem schreitet die Internationalisierung der Wirtschaftspolitik voran und finanzkräftige Konzerne versuchen, sich an

Indiens Ressourcen und Bevölkerung zu bereichern. Zeitgleich mit der voranschreitenden Globalisierung habe sich eine Bewegung entwickelt, die dem entgegenlief: die Lokalisierung. Während Shiva die Globalisierung, den »bevorzugten Weg für die Kontrolle der Konzerne« nennt, ist die Lokalisierung die Alternative für Schutz der Umwelt und der Lebensgrundlage der Bevölkerung und damit Teil der Erd-Demokratie. Die Rolle der Staaten sieht die Öko-Feministin sehr flexibel: Regierungen können auch ›Treuhänder der Öffentlichkeit‹ sein, wenn sie Wälder, Strände, Flüsse und die Atmosphäre als Allmende schützen. Ganz anders wäre das, wenn der Staat die Bevölkerung dazu zwingen würde, für Dämme, Autobahnen und Einkaufszentren Platz zu machen.

Die Erd-Demokratie ist eine gewaltlose Antwort auf die zerstörerischen Angriffe der globalen Marktwirtschaft gegen die Umwelt und die menschlichen Gemeinschaften. Allen Menschen soll die Möglichkeit geboten werden, ausreichend zu arbeiten, um sich selbst zu versorgen. Nach Vandana Shiva kann dies nur bewerkstelligt werden, wenn die Produktionsmittel in den Händen der Massen sind: »Robuste lebendige Wirtschaftsformen sind menschenzentriert, dezentralisiert, nachhaltig und schaffen Lebensunterhalte. Sie beruhen auf gemeinsamem Besitz und gemeinsamer Produktion, auf Mitnutzung und Mitwirkung.«

Ein Beispiel verdeutlicht sehr anschaulich Vandana Shivas Anliegen: Haben die indischen Kleinbäuer_innen in der Vergangenheit noch verschiedenste Sorten Reis angebaut, so war immer nur ein kleiner Teil der Erträge betroffen, wenn Felder überschwemmt oder von Tieren befallen waren. Manche Sorten überlebten immer. Anders nach der Vereinnahmung durch Agrarkonzerne, die sie zum Anbau einer einzigen gentechnisch veränderten, patentierten Hochleistungssorte in großen Monokulturen gedrängt hatten. Hatte man Pech, war die gesamte Ernte zerstört. Darüber hinaus musste das Saatgut für die kommende Aussaat wieder eingekauft werden, da die verwendeten Gentech-Pflanzen keine keimfähigen Samen produzierten. Insofern bedeutete eine Diversität der angebauten Nutzpflanzen Sicherheit gegen Schädlinge, Krankheiten und unerwartete klimatische Bedingungen und die gentechnische Modifikation der Pflanzen und ihre Patentierung eine zusätzliche finanzielle Belastung für die Bäuer_innen.

Die Wissenschaftlerin Shiva definiert es als Gewalt, wenn die Wirtschaftsordnung den ökologischen Raum anderer Spezies und Menschen an sich reißt und einhegt. Im Gegensatz dazu gilt *Ahimsa*, das Nicht-Verletzen, als eines der wichtigsten Prinzipien im Hinduismus, Jainismus und Buddhismus und ist das Leitmotiv der Erd-Demokratie.

Mit *Navdanya* betreibt Shiva seit den 1980er Jahren in Kooperation mit indischen NGOs ein nationales Programm zur Bewahrung der Saatenvielfalt, das auch die Kleinbäuer_innen einbindet und sie zu Bewahrer_innen der verschiedenen Sorten macht und ihre Innovation bei der Weiterentwicklung der Zuchten nutzt. Neben den Saatenbanken wird eine Schule zur Vermittlung von Wissen über biologischen Landbau und Ernährungssouveränität in Uttranchal im Norden Indiens betrieben. So versucht Vandana Shiva, der Selbstverwaltung und Selbstregulierung, dem Herzstück jeder funktionierenden Demokratie, ein bisschen näher zu kommen.

Unter Erd-Demokratie versteht Vandana Shiva darüber hinaus Slow Food-Netzwerke, genauso wie Kampagnen gegen die Privatisierung von Wasser sowie die Schließung eines Coca Cola-Betriebs durch lokal ansässige Frauen im indischen Palakkad in Kerala.

Die Vorkämpferin der Kleinbäuer_innen sieht in der Globalisierung kein unvermeidliches Schicksal, sondern ein politisches Programm, auf das man die angemessenen Antworten geben müsse:

> »Um frei zu bleiben in einer Zeit, in der durch Lügen und Propaganda die Sklaverei angepriesen wird, müssen wir die Satyagraha, den Kampf für die Wahrheit, auf die Ideen und Technologien ausdehnen, mit denen unsere Köpfe und Gedanken kolonisiert werden.
>
> Erd-Demokratie lenkt die Weltsicht von der Beherrschung durch Märkte, Militär, Monokulturen und mechanistischen Reduktionismus weg und hin zu einer friedlichen Mit-Schöpfung und Mit-Evolution der vielfältigen Lebewesen, welche durch das gemeinsame Band des Lebens verbunden sind.«

Die brennende Rache eines sterbenden Planeten: die Earth Liberation Front

Anfang der 1990er Jahre wächst in Großbritannien die Öko-Bewegung unaufhaltsam, Bäume werden besetzt und Straßenbaumaschinen sabotiert. 1992 veranstaltete ›Earth First!‹ England in Brighton sein erstes bundesweites Aktionscamp, auf dem Strategien, Aktionsideen und Grundsätze der Bewegung diskutiert wurden. Einige ›Earth First!‹-Aktivist_innen thematisierten ihre Befürchtungen, dass Sachbeschädigungen oder Brandstiftungen dem Image des kontinuierlich wachsenden ›Earth First!‹-Netzwerkes schaden könnten, andere forderten sogar eine klare Distanzierung, Die Emotionen gingen hoch, die Meinungen auseinander. Dennoch wurde eine Entscheidung gefällt, zumindest von einzelnen der Anwesenden: Die Earth Liberation Front war geboren!

In Anlehnung an ihre »große Schwester«, die Animal Liberation Front (ALF), welche schon seit 1976 in vielen Teilen der Welt Tiere befreit oder Eigentum von Tierausbeuter_innen beschädigt, versteht sich die Earth Liberation Front (ELF) als informelles, dezentrales Netzwerk aus Aktionszellen, die einander nicht kennen und nicht miteinander in Kontakt stehen. Ziel der ELF ist die Schädigung umweltzerstörerischer Unternehmungen mittels Sabotage. Die Aktivist_innen bleiben anonym. Einzig Bekennerschreiben machen die Öffentlichkeit auf stattgefundene Aktionen aufmerksam.

Eine der ersten dokumentierten Aktionen der ELF richtete sich gegen das Unternehmen Fisons Plc, ein Gartenbauchemieunternehmen, das durch seinen Torfabbau die Moore im englischen Hatfield und Thorne zu zerstören drohte. Der Torfabbau im Nordosten Englands hatte davor schon zu Protesten von Umweltschutzorganisationen wie den Friends of the Earth geführt. Am 1. April 1992 wurden in einer nächtlichen Aktion Pumpen, Lastwagen und weitere Maschinen der Firma Fisons Plc schwer beschädigt. Der Schaden belief sich auf satte 70.000-80.000 Euro und machte damit das Geschäft mit dem Torf sicher nicht ertragreicher.

In den folgenden Jahren wurden regelmäßig Earth Nights ausgerufen. Diese dienten dazu, die Proteste und Sabotageaktionen zu bündeln, um die Stärke der Bewegung zu präsentieren. Wieder in Anlehnung an die Animal Liberation Front wurden ELF-Richtlinien ausgearbeitet, die bis heute als die Grundsätze und Ziele der ELF gelten sollen:

★ Maximalen ökonomischen Schaden für jene zu verursachen, die aus der Ausbeutung der Umwelt Profite ziehen;
★ Umweltzerstörungen aufzudecken und die Öffentlichkeit darüber informieren;
★ dabei alle nötigen Vorkehrungen zu treffen, dass weder Menschen noch Tiere zu Schaden kommen können.

Alle Aktivist_innen, die illegale Aktionen unter Berücksichtigung der genannten Richtlinien durchführen, dürfen sich als der ELF zugehörig betrachten.

Ab 1994 verbreitete sich die Idee der ELF über ganz Europa und darüber hinaus; ELF-Aktionen wurden aus Irland, Deutschland, Frankreich, Holland, Polen, Finnland, Neuseeland, Russland, Tschechien und sogar Australien berichtet. Der Schwerpunkt der Aktionen war nichtsdestotrotz in England zu verorten. Hier waren es anfangs vor allem Straßenbauprojekte, die sabotiert wurden, sowie McDonalds-Niederlassungen – Letztere stehen übrigens auch auf der internationalen Hitlist, was Sabotageaktionen betrifft, ganz oben. Dann gingen die Elfen, wie sich die ELF-Aktivist_innen manchmal selbst nannten, zu Aktionen gegen den Anbau von gentechnisch veränderten Pflanzen über. Ob in der Masse tagsüber vor den Augen der Polizei oder in einer Kleingruppe nachts im Schutz der Dunkelheit, in Großbritannien war noch jedes in den 1990er Jahren auffindbare Gentechfeld von Umwelt-Aktivist_innen zerstört worden.

Kurz vor der Jahrtausendwende war die ELF eine internationale Bewegung mit dokumentierten Aktionen in 17 Ländern. Insbesondere in Nordamerika wurde für den Schutz der Umwelt besonders gerne das Gesetz gebrochen. Wurde anfangs noch unter dem Namen Earth Liberation Army (ELA) in British Columbia/Kanada gegen die Trophäenjagd vorgegangen, so sind Aktionen im Name der Earth Liberation Front ab 1997 dokumentiert.

In diesem Jahr ließ ELF in Michigan und Oregon Nerze aus Pelztierfarmen frei– eine Aktion, die eigentlich typisch für die Animal Liberation Front wäre. Als dann am 14. März 1997 wiederum in Oregon einige Dutzend Bäume mit Nägeln gespiked wurden, um sie vor der Abholzung zu schützen, und sich Tage später eine »Animal Liberation Front Eco-Animal Defense Unit« zur Aktion bekannte, wurde deutlich, dass sich diese beiden Strömungen für manche Aktionen zusammenfanden. Eine Kombination, die in den darauf folgenden Jahren in Nordamerika noch öfter aktiv werden sollte.

»Im Namen der Luchse haben wir Sonntag Nacht fünf Gebäude und vier Skilifte in Vail in Asche gelegt.«

Mit diesen Worten begann die ELF ein Bekennerschreiben zu einer Aktion, mit der sie in die Geschichte des Ökoaktivismus eingehen sollte: In einer einzigen Nacht des Jahres 1998 hatte die ELF einen guten Teil der Infrastruktur des größten Wintersportgebiets der USA zerstört. Der Schaden belief sich auf geschätzte 10 Millionen Euro. Damit wollten die Aktivist_innen die Ausdehnung der Liftanlagen verhindern, um so den Lebensraum der Luchse zu bewahren. Die Bilder des in Flammen stehenden Restaurants *Two Elkes* in Vail gingen um die Welt. Eines ihrer Bekennerschreiben beendeten die Elfen mit den Worten »Wir sind die brennende Rache eines sterbenden Planeten...«

Etwa zur gleichen Zeit setzte die radikale Ökobewegung Großbritanniens zu einem bis dahin ungeahnten Höhenflug an: Im Jahr 1995 setzten Demonstrant_innen in einem Steinbruch nahe Somerset Baumaschinen öffentlich in Brand und im selben Jahr brachen Aktivist_innen in die Londoner Zentrale des britischen Verkehrsministeriums ein und beschädigten über 100 Computer.

Unterdessen waren auch immer mehr Aktionen der ELF und ähnlicher Gruppen zu beobachten, die sich gegen die Ausweitung städtischer Strukturen richteten: In mehreren Bundesstaaten der USA, aber auch z.B. in Schweden, wurden noch unbewohnte Luxussiedlungen am Stadtrand Ziel von Brandanschlägen. Klassenkonflikte scheinen dabei oft eine nicht unerhebliche Rolle gespielt zu haben. So hat die argentinische *Frente de Liberacion de la Tierra* Anfang 2012 in Luxusvierteln von Buenos Aires gleich mehrere Autos in Brand gesetzt um die »*Bourgeoisie*« anzugreifen.

Die Bekennerschreiben sind meist die einzigen Anhaltspunkte, um ELF-Aktionen politisch einordnen zu können. Ihre Inhalte sind in den allermeisten Fälle klar links der Mitte zu verorten. Häufig wurden in der Vergangenheit darin Grüße an linke politische Gefangene adressiert oder z.B. zur Solidarität mit der nigerianischen Bevölkerung aufgerufen, die sich im Niger-Delta gegen den ölfördernden Shell-Konzern zur Wehr setzen musste. Im Juni 1998 wurde im US-Bundesstaat Massachusetts das mexikanische Konsulat angegriffen: Die ELF hinterließ dort in einer symbolischen Aktion rote Handabdrücke und Graffiti, um auf den repressiven Umgang der mexikanischen Regierung mit der indigenen Bewegung der Zapatistas im Bundesstaat Chiapas hinzuweisen. Im September 2000 wurde in den USA ein ELF-Kommuniqué verbreitet, welches erklärte: »Wir glauben nicht an das System der repräsentativen Demokratie mit ihren Wahlen. Weil es am Wahlzettel keine brauchbaren Optionen gibt, müssen wir andere Wege finden, um unsere Wahl auszudrücken.« Mit dieser Begründung suchten Aktivist_innen die Zentrale der Republikanischen Partei in Indiana auf und legten dort Feuer.

Um die Öffentlichkeit über die Beweggründe der Öko-Aktivist_innen aufzuklären, wurde 1997 in Portland/Oregon das North American Earth Liberation Front Press Office (NAELFPO) gegründet. Hier wurden anonyme Bekennerbriefe empfangen und gezielt an Medien weitergeleitet. Außerdem standen zwei Aktivisten bereit, um Hintergründe zu den Aktionen zu recherchieren und für interessierte Medien aufzubereiten. Obwohl die beiden Sprecher Craig Rosebraugh und Leslie James Pickering immerzu betonten, lediglich die Kommuniqués zu den Aktionen zu erhalten und selbst weder beteiligt gewesen zu sein, noch die

Urheber_innen der Aktionen zu kennen, waren sie oft die ersten und einzigen Anlaufstellen für die ermittelnden Behörden. Im Laufe ihrer vierjährigen Arbeit beim NAELF-PO mussten die beiden Aktivisten unzählige Hausdurchsuchungen, Vorladungen und andere Belästigungen durch die Polizei über sich ergehen lassen. Obwohl ihre Tätigkeit eigentlich durch den Grundsatz des *Freedom of Speech* durch die US-Verfassung garantiert sein sollte, versuchten die Behörden unablässig, die beiden Sprecher mit den Straftaten in Zusammenhang zu bringen. 2001 traten die beiden schließlich öffentlich zurück, jedoch nicht wegen des Repressionsdrucks, sondern aus inhaltlichen Gründen: Pickering erklärte in einem offenen Brief, dass er sich als Revolutionär nicht weiter ausschließlich der Gewaltfreiheit der ELF-Aktionen verbunden sehen könne. Beizeiten sei es notwendig, die Gewaltfreiheit über Bord zu werfen. »Blickt man in der Geschichte zurück, so sieht man, dass Freiheit immer durch eine gesunde Mischung aus gewaltfreien Mitteln und Gewalt erreicht wurde.« Der Sprecher der ELF in Nordamerika, Leslie James Pickering, beendete seinen Brief mit dem Slogan »Lang lebe die Earth Liberation Front! Lang lebe die Animal Liberation Front!«

Moccasins on the Ground: indigene Kämpfe in den Amerikas und anderswo

Nordamerika

Allein auf dem nordamerikanischen Kontinent leben heute rund 1.000 indigene Communitys. Dem Indigenous Environmental Network (IEN) zufolge, betrifft sie die Zerstörung und Verseuchung der Umwelt besonders und bedroht ihre Existenz, da sie überwiegend von der Jagd, dem Angeln und dem Subsistenzlandbau leben.

Daher sind es immer wieder ebendiese First Nations selbst, die sich gegen großangelegte Infrastrukturprojekte, Staudämme, Ölpipelines und die Förderung von Rohstoffen einsetzen. Die Aktionen indigener Gruppen werden aber in der Repräsentation ökologischer Kämpfe in neokolonialer Logik gerne ausblendet. Besonders bewährt und häufig angewandt sind Straßenblockaden und Besetzungen, um Transporte, Bauarbeiten und die tägliche Arbeitsroutine direkt zu unterbinden.

Viele Dutzend Kilometer weit in alle Richtungen reicht das Abbaugebiet von Ölsand um die Stadt Fort McMurray im kanadischen Alberta. Das einst grüne, waldige Gebiet weicht jetzt mehr und mehr einer graubraunen Matschdecke, die durch das Abtragen der Sedimentschicht entsteht. Entlang des Flusses Athabasca liegt hier eines der weltgrößten Vorkommen von Ölsand, einer Mischung aus Sand, Bitumen, Wasser und Ton. Im Tagebau wird der Ölsand, der in vielen Fällen nur wenige Meter unter der Oberfläche ruht, abgebaut und mittels aufwändiger Technologie zu Rohöl verarbeitet. Der in den letzten 15 Jahren stark boomende Abbau sorgt schon jetzt für Turbulenzen am Erdölmarkt, ganz zu schweigen von zukünftigen Plänen. Immerhin gibt es in Kanada allein rund 140.000 km^2 potenzielles Abbaugebiet für Ölsand. Die ökologischen Folgen jedoch sind unabschätzbar. Nicht nur die Wasserqualität des Flusses Athabasca leidet darunter, sondern auch das Grundwasser ist mittlerweile erheblich verunreinigt. Um die Stadt Fort McMurray herum existieren allein 176 km^2 Absetzanlagen, in denen der unbrauchbare und schwer mit Chemikalien durchsetzte Rest des Ölsands gelagert wird. Dort soll der Abfluss kontaminierten Wassers durch Lecks schon lange zehn Millionen Liter pro Tag überschritten haben. Dass dies den Unmut der Bevölkerung und organisierter Ökoaktivist_innen auf den Plan ruft, kann kaum verwundern. Seit 2012 wurden immer wieder Schwertransporte mit für den Ölsandabbau benötigten Bauteilen im Norden der USA und in Kanada von Aktivist_innen blockiert, ebenso wie der Bau diverser Pipelines, welche die Raffinerien südlich von Alberta mit Rohöl versorgen sollen.

Noch viel mehr in den USA als in Kanada ist der Umgang mit dem Rohöl seit Jahren ein Politikum: Während die schon in Betrieb befindliche 3.000 km lange Keystone-Pipeline das Rohöl aus den westkanadischen Erdölraffinerien in die US-Bundesstaaten Illinois, Oklahoma und Nebraska transportiert, soll das Fortsetzungsprojekt Keystone XL (KXL) noch weiter gehen: 2.700 km, bis an die Erdölraffinerien im südlichen US-Bundesstaat Texas am Golf von Mexiko, wird KXL das Rohöl befördern; und zwar *830.000 Barrel Öl pro Tag.* Wird die Pipeline nach den Entwürfen des Unternehmens TransCanada verwirklicht, so führt sie direkt durch das Land der Great Sioux Nations, obwohl dies nach dem Vertrag von Fort Laramie, in dem den Indigenen im Jahr 1868 von South Dakota weitgehende Landrechte zugesprochen worden waren, nicht ohne Zustimmung der Bewohner_innen möglich wäre. Die den betroffenen Great Sioux Nations angehörenden Lakota kritisieren das Vorhaben nicht nur, weil es ihr Land und vor allem ihre Wasserreserven gefährdet. Jedes Jahr werden in den USA allein Dutzende Fälle von Lecks in Ölleitungen bekannt, deren Schäden oft irreversibel sind. Sie stellen sich auch gegen KXL, da weil die Ölproduktion aus den kanadischen Ölsanden 17% mehr CO_2 freisetzt als der Durchschnitt aller Öllieferungen in den USA und damit besonders energieintensiv ist.

»Wird der Bau den Plänen zufolge durchgeführt«, so der Präsident der Rosebud Sioux, »so ist das eine Kriegserklärung gegen unser Volk.« In ihrer Kampagne mit dem Namen *Moccasins on the Ground* bereiten sich die Indigenen und ihre Unterstützer_innen auf Direkte Aktionen und zivilen Ungehorsam vor. Die Kampagne soll eine Fortführung des Widerstands von März 2012 sein. Damals wurden Schwertransporte durch das Pine Ridge Indian Reservat von Bewohner_innen und Aktivist_innen der Lakota-Organisation *Owe Aku* am Weg zu den Athabasca Ölsand-Minen blockiert.

Für andere ist die Zeit der Vorbereitung schon längst vorbei: Seit mehr als vier Jahren blockieren die Unist'ot'en mit einem permanenten Camp im nördlichen Teil von British Columbia/ Kanada gleich mehrere Pipelinevorhaben. Die mittlerweile feste Niederlassung am Morice River besteht aus Holzhäusern, einer Solaranlage und einem Permakulturgarten und ist ganzjährig bewohnbar. Ganze elf Unternehmen wollen Pipelines für Öl und Erdgas durch das Land der Unist'ot'en bauen, werden dies aber – dank des Widerstands der betroffenen Bevölkerung – bis auf Weiteres nicht tun können.

Südamerika

Insbesondere in südamerikanischen Staaten, wie beispielsweise Peru, Brasilien oder Kolumbien, sind indigene Communitys unmittelbar von wirtschaftlichen Interessen meist westlicher Konzerne bedroht, die Gold, Kupfer oder andere wertvolle natürliche Ressourcen abbauen wollen. Den widerständigen Indigenen geht es dabei jedoch nicht ausschließlich um Umweltschutz, sondern auch um den Erhalt der ihnen eigenen Lebensräume und ihrer Kultur sowie die Abwendung drohender Vertreibungen durch diese neokolonialen Unternehmungen. Netzwerke aus korrupten Politiker_innen, Militärs, Polizist_innen, Kriminellen und Unternehmer_innen bedeuten für die Indigenen Communitys eine oft reale Bedrohung des Lebens, für westliche Unternehmen hingegen ein ideales Umfeld, um natürliche Ressourcen, Menschen und Tiere ohne Rücksicht auf Verluste ausbeuten zu können. Insbesondere in den meist sehr abgelegenen Landstrichen, in denen sich jene Konflikte abspielen, werden von den involvierten

Konzernen und ihren Verbündeten nicht nur geltende Gesetze gebrochen, sondern auch extreme Gewalt angewandt, um ihre Interessen durchzusetzen. Die Proteste Indigener können insofern nur bedingt mit den Widerstandskampagnen in Europa verglichen werden. Die Eingriffe in die Natur ist für lokal Ansässige folgenreicher, die Repression gegen sie ungleich direkter und endet für exponierte Aktivist_innen immer wieder tödlich.

Internationale Bekanntheit erreichten die Aktivist_innen indigener Communitys, die im brasilianischen Amazonasgebiet leben. Seit den 1980er Jahren sind Planungsarbeiten im Bundesstaat Para im Gange, um unter anderem das leistungsmäßig drittgrößte Wasserkraftwerk der Welt nahe der Ortschaft Belo Monte zu bauen. Die geplanten drei Talsperren des Xingu-Flusses sollen so nach Fertigstellung mehr als 10% des brasilianischen Strombedarfs abdecken. Mit der Aufstauung des Amazonas-Nebenflusses Xingu wird nicht nur eine erhebliche Fläche Lebensraum überflutet, sondern auch der Fischbestand in Gefahr gebracht. Kritiker_innen befürchten darüber hinaus die zwangsweise Umsiedlung von bis zu 40.000 Menschen und die Gefährdung von 18 indigenen Gruppen in der Regenwaldregion. Vor allem für bisher unkontaktierte Indigene stellt das Staudammprojekt eine wirkliche Lebensgefahr dar. Mit der zunehmenden Besiedelung durch Bauarbeiter_innen steigt die Gefahr der Krankheitsübertragungen von bisher für die Indigenen unbekannten Krankheitserregern wie z.B. Grippe. Dass das Staudammprojekt zu mehr Energiesicherheit führt, wird zudem bezweifelt, da dies eher ein Problem der ungleichen Verteilung ist als eines von fehlender Energie.

Juristische Gegenmaßnahmen konnten den Baubeginn des Projektes erheblich verzögern, 2011 wurde er aber trotz allem vollzogen. Im selben Jahr rügte die Interamerikanische Kommission für Menschenrechte (IAKMR) die brasilianische Regierung, da sie die dort ortsansässige Bevölkerung nicht in der Planungsphase miteinbezogen hatte. Nichtsdestotrotz ist der Bau der Staudämme in vollem Gang und Gesprächsangebote indigener Aktivist_innen wurden schon mehrmals mit Militärgewalt beantwortet. Auf den römisch-katholischen Bischof der Region, Erwin Kräutler, gab es aufgrund seiner Gegnerschaft zum Kraftwerk einen Mordversuch, den er nur schwer verletzt überlebte; außerdem wurde er von der Polizei verprügelt. 2005 wurde seine Kollegin, die katholische Ordensschwester und Umweltaktivistin Dorothy Stang, im Auftrag eines Holzunternehmers ermordet.

Im Mai 2014 haben Angehörige von verschiedenen indigenen Gemeinschaften den Trans-Amazonas-Highway vorübergehend blockiert, um so die Anfahrt von Arbeiter_innen zur Baustelle zu behindern. Diese Aktionsform etablierte sich in den letzten Jahren. Seit Baubeginn wurde fast ein Dutzend solcher Blockaden durchgeführt.

Internationale Schlagzeilen machte eine Aktion im Jahr 2013, als es rund 200 Angehörigen indigener Gruppen und anderen Anwohner_innen des Xingu trotz Militärpräsenz gelang, auf die Baustelle vorzudringen, um diese längerfristig zu besetzen. Ein Jahr später verabschiedeten zahlreiche Vertreter_innen der Kayapo-Community eine Stellungnahme zum Belo Monte-Staudamm und ähnlichen Projekten. Darin heißt es:

> »Wir, das Volk der Mebengôkre Kayapó, haben entschieden, dass wir keinen einzigen Centavo eures schmutzigen Geldes nehmen ... Wir akzeptieren weder Belo Monte noch einen anderen Staudamm am Rio Xingu. Unser Fluss steht nicht zum Verkauf. Unser Fisch, der unsere Nahrung ist, steht nicht zum Verkauf. Das Glück unserer Enkelkinder steht nicht zum Verkauf. Wir werden unseren Kampf nicht aufgeben. Der Xingu ist unsere Heimat und ihr seid hier nicht willkommen.«

Rund 1.000 Kilometer westlich von Belo Monte, aber noch im selben Bundesstaat, wehren sich Angehörige der Munduruku-Gemeinschaft gegen illegale Goldminen in ihrer Region. Das flächenmäßig in etwa der halben Schweiz entsprechende Gebiet wurde den Indigenen 2004 durch die brasilianische Bundesregierung zugesprochen. In gleich mehreren Minen an den Flüssen Tropas, Kaburuá, Kadiriri und Kabitutu wird dennoch illegal nach Gold geschürft. Das schon seit den 1980er Jahren durchgeführte Goldschürfen hat zur Verschmutzung des Flusses geführt, was wiederum den Lebensraum für Fische unattraktiver macht. Damit entfällt eine wichtige Lebensgrundlage der lokalen Bevölkerung. Bedrohungen und Übergriffe seitens des Minenbetreibers blieben von den Behörden ungeahndet. Da jegliche juristische Bemühungen seit Jahren ins Leere liefen und eine Polizeiaktion 2012 auch kein Ende des Abbaus brachte, schritten die streitbaren Indigenen selbst zur Tat: In Kooperation mit der Nationalen Stiftung der Indigenen (FUNAI) besuchte eine bewaffnete Delegation der Mundurukus im Februar 2014 eine Reihe von Minen. Täglich wurden angetroffene Arbeiter_innen weggeschickt und vorgefundenes Material und Maschinen beschlagnahmt. Mit dem Besuch der Delegation wurden die Minen geschlossen. Nach fast zwei Wochen waren u.a. 12 Bagger im Besitz der Mundurukus, welche sie in Zukunft für Zwecke des Gemeinwohls einsetzen wollen.

Asien

Auch jenseits des Pazifiks müssen sich Menschen mit ihrem Leben für die Erhaltung der Natur einsetzen. Im größten Bundesstaat Malaysias, in Sarawak auf Borneo, kämpfen Indigene gegen Abholzung und die Errichtung von Palmölplantagen. Die Penan und die Dayak, indigene Gemeinschaften, welche in den Bezirken Baram, Limbang, Tutoh and Lawas leben, sind durch das voranschreitende Eindringen von Holzunternehmen in ihren Lebensraum massiv bedroht. Mittlerweile gelten nur mehr 5% ihres Urwaldes als Primärwald, alles andere wurde schon einmal gefällt. Die Penan leben überwiegend von der Jagd und dem Ernten wilder Früchte, weswegen sie beklagen, dass es immer schwieriger würde, sich im schwindenden Regenwald zu versorgen.

Seit vielen Jahrzehnten organisieren sich Penan, Dayak und ihre Unterstützer_innen jedoch gegen die Zerstörung ihrer Mitwelt: Im Jahr 1987 wurden über hundert Menschen zum Teil unter Gewaltanwendung verhaftet, weil sie mit Blockaden den Kahlschlag auf ihrem Land verhindern wollten. Im selben Jahr verabschiedete die Regierung in Kuala Lumpur ein Gesetz, welches das Blockieren von Forststraßen unter Strafe stellt und damit den über Jahre praktizierten Widerstand der lokalen Bevölkerung in Sarawak kriminalisiert.

Bis das Schicksal der Bevölkerung in Sarawak endlich die internationale Aufmerksamkeit erlangte, erkannte die Regierung

Sarawaks die Landrechte der Indigenen nicht an und verteilte rücksichtslos Konzessionen an Holzfirmen. Erst Ende der 1980er Jahre änderte sich der Umgang dank der internationalen Solidarität und einzelne Flächen wurden unter Schutz gestellt und für zerstörte Landstriche Ersatzinfrastruktur versprochen.

Nichtsdestotrotz drangen immer wieder Holzunternehmen in oben genannte Regionen vor, um nutzbare Bäume zu fällen und an deren Stelle Palmölplantagen zu errichten. Manchmal gelang es den Ansässigen mittels Blockaden, dies zu verhindern, in vielen Fällen aber wurde der Wald dennoch zerstört.

Im Juni 1997 inszenierten die Penan und ihre Unterstützer_innen eine weitere Blockadewelle, verhinderten in einigen Fällen die Rodungsarbeiten und in einem Fall wurde sogar das Werkzeug der Arbeiter ›beschlagnahmt‹. Nach weniger als zwei Wochen wurde der Großteil der Blockaden jedoch mit Hilfe der Polizei aufgelöst.

Weitere Aktionen malaysischer Indigener erfolgten im Jahr 2008, als bekannt wurde, dass in Sarawak zwölf neue Staudämme errichtet werden sollten. Mit der Umsetzung der Pläne würden weite Teile des Siedlungsgebiets der Penan und anderer Indigener überschwemmt werden, rund 1.400 Menschen müssten ihren Wohnsitz verlassen.

Blockaden der Lokalbevölkerung wurden mit Massenverhaftungen beantwortet. So konnte 2013 der erste Staudamm fertiggestellt werden. Noch bevor alle Betroffenen der Umsiedlung zugestimmt hatten und die Ersatzhäuser fertiggebaut worden waren, wurde die Region geflutet.

Die Penan bekämpfen aber tapfer weiter gegen Umweltzerstörung: Im selben Jahr errichteten rund 40 Familien wieder Blokkaden, um diesmal illegale Abholzungen durch das malaiische Unternehmen Shin Yang zu verhindern.

In den letzten Jahren setzten sich die Penan in Kooperation mit westlichen NGOs vermehrt für Wiederaufforstungsprojekte und ökologischen Tourismus in ihrer Region ein.

Hüttendörfer gegen den Autowahnsinn

Zwölf Kilometer lang sollte sie werden, die neue Teststrecke von Mercedes in Papenburg nahe der deutsch-niederländischen Grenze. Dafür musste ein Teil des größten zusammenhängenden Moorgebiets Norddeutschlands weichen. Doch mit einiger Verzögerung waren die radikalökologischen Impulse aus Großbritannien und den USA auch in Deutschland angekommen, und die ökologische Bewegung in Deutschland begann, die Kritik an Autoindustrie und Straßenbau aufzunehmen: Im Juli 1991 besetzten Aktivist_innen einen Teil des Moores, um den Bau der Mercedes-Teststrecke zu verhindern. Das entstehende Hüttendorf sollte nicht nur dem Schutz der Feuchtlandschaft dienen, sondern auch Experimentierfeld für alternative Lebensentwürfe werden. Die Besetzer_innen lebten in Bauwägen und arbeiteten kollektiv. Ein Infowagen wurde eingerichtet, um die lokale Bevölkerung über die Ziele der Besetzung zu informieren. Nichtsdestotrotz befürworteten weite Teile der Anwohner_innen den Verbau des Moores, um so zumindest einige wenige Hundert Arbeitsplätze in dieser strukturschwachen Region zu schaffen – so zumindest die Argumentation der Lokalpolitik.

Nach vier Jahren wurde *Anatopia*, wie das Hüttendorf genannt wurde, geräumt. Innerhalb weniger Stunden wurde das in jahrelanger Arbeit aufgebaute kollektive Wohnprojekt von einer Handvoll Planierraupen zerstört. Die Bewohner_innen hatten ihre Unterkünfte Stunden zuvor freiwillig verlassen. Unmittelbar nach der Räumung begann der Verbau des Moores. Aufgrund der Räumung kam es in vielen deutschen Städten zu Demonstrationen und militanten Aktionen gegen Mercedes. Rund 30 Anschläge werden es gewesen sein, mit denen ›Mercedeath‹ die Wut der Teststreckengegner_innen zu spüren bekam. In Bremen, Hannover, Hamburg, Wilhelmshaven und Greifswald brannten Autos, an vielen anderen Standorten des Autokonzerns gab es Sachschäden. Diese heftige Reaktion auf die Räumung motivierte für ähnliche Projekte. Noch im selben Jahr wurden Hüttendörfer in verschiedenen Teilen Deutschlands errichtet. In Borgholzhausen, südlich von Osnabrück, wurde ein Camp gegen den Bau der Autobahn A33 errichtet. In Wismar/Mecklenburg-Vorpommern wurde ein Streckenabschnitt der geplanten A20 besetzt und schon vor dem ersten Spatenstich brannte ein Bagger. Bei Dresden kämpfte ein Hüttendorf gegen die Errichtung der A17 und 1996 besetzten Aktivist_innen südlich von Erfurt für mehrere Wochen einige Bäume, um den Bau der Thüringer Waldautobahn A71 zu behindern.

Berichtet wurde über all dies in der Zeitschrift *Die Eule*, die aus dem Umfeld des deutschen ›Earth First!‹-Netzwerks hervorgegangen war und über einige Jahre die radikalökologische Szene Deutschlands begleitete. Entstanden aus der Tierrechts- und Antiatombewegung beinhaltete *Die Eule* oft skurrile Collagen und Beiträge über Biozentrismus, Spiritualität und Natur, Veganismus, aber auch Updates zu Kämpfen aus der Ökobewegung und Diskussionsbeiträge zu Sexismus und Biologismus. Ihre teils seitenlangen Abhandlungen über Natur & Bewusstsein, Horkheimer & Rationalität etc. wussten beizeiten auch zu langweilen, waren aber Teil einer Zeitschrift, die bis dahin im deutschsprachigen Raum ihresgleichen suchte. Nachdem *Die Eule* 1998 zum letzten Mal erschienen war und sich zeigte, dass ähnliche Projekte kaum langlebiger waren, begann sich ein weiteres Printmedium durchzusetzen, das bis heute radikalökologische Kampagnen und Diskussionen begleiten sollte: *Das Grüne Blatt*. Mit dem Anspruch, eine Zeitschrift für »Umweltschutz von unten« zu sein, wurde die Redaktion geöffnet, um ein horizontal organisiertes Printmedium zu verwirklichen. Seitdem erscheint das *Grüne Blatt* kontinuierlich und schafft eine Plattform für Diskussionen rund um ökologische, aber auch verwandte, Themen.

Mit der Reinheit von Körper und Seele: Frontline Deutschland

Rebellion und Purismus, geht das zusammen? *Hardline* war eine Jugendbewegung, die sogar eine besonders puristische Auslegung von Rebellion pflegte. Ausgehend von der Hardcore-Band *Vegan Reich* hatte sich ab 1990 in den USA eine Ideologie am Rande der Hardcore/Punk-Szene entwickelt, die sich militanten Umweltschutz und Tierbefreiung auf die Fahnen geschrieben hatte. Bands wie *Earth Crisis*, *Raid* oder *Statement* übernahmen die Ideen und begeisterten ein erlebnisorientiertes, fast ausschließlich Weißes Publikum damit. Im Hardline-Manifest schrieb Vegan Reich: »Die Zeit ist reif für eine Ideologie und eine Bewegung, welche sowohl physisch als auch moralisch stark genug ist, den Kampf gegen die Mächte des Bösen aufzunehmen, welche die Erde und alles Leben auf ihr vernichten.«

In Anlehnung an Straight Edge, d.h. die konsequente Ablehnung von Alkohol, Drogen und tierlichen Lebensmitteln präsentierte sich Hardline als noch radikaler. Mit gekreuzten Kalaschnikows vor einem X, das für Straight Edge steht, als Logo, schmückte man sich mit märtyrerhaftem, asketischem Außenseitertum.

Im Lied »Stand by« der Band *Earth Crisis* heißt es: »Deine Selbstsucht zerstört die Natur – damit lässt du uns keine andere Wahl. Für den Fötus, für die Katze, für die Kuh und für die Ratte – für alles unschuldige Leben gehen wir zum Angriff über.«

Als politische Strömung war Hardline trotz seiner markigen Sprüche immer verhältnismäßig irrelevant, übte aber durch seine militante Symbolik und Rhetorik eine identifikatorische Anziehungskraft vorwiegend auf junge Männer der Mittelschicht aus. Auffällig vereinfachte Lösungsansätze, frappanter Autoritarismus und die Befürwortung von militantem Aktivismus bis hin zur Gewalt für die Befreiung von Tieren und den Schutz der Umwelt zeichnete Hardline aus: »Anhänger_innen von Hardline sollen im Einklang leben mit den Gesetzen der Natur und sollen sie nicht aufgeben für die Begierde nach Vergnügen – von abweichenden sexuellen Taten, zu Drogengebrauch gleich welcher Art.« Weltanschaulich mündete dies in Biologismus, in Homophobie und entmündigender Gegnerschaft zum Schwangerschaftsabbruch, wie die Lektüre der wenigen deutschsprachigen Flugblätter von Hardline beweist: »Abtreibung ist genauso wenig ein ›Recht‹ wie Mord ein ›Recht‹ ist.« Die Texte muten eher schlecht übersetzt als ernstzunehmend an: »Nur mit dieser Strategie und dieser Überzeugung – ein Leben zu leben in Harmonie mit unseren erklärten Zielen und Ansichten, Stärke beziehend aus unserer Reinheit von Körper und Seele, während wir aktiv jene bekämpfen, die diese Welt zerstören mit ihren giftigen Gedanken, Handlungen und Schädigungen, können wir siegreich sein in unserem Kampf.« Mit seiner Affinität zur Gewalt, einer klar in Freund/Feind strukturierenden Gesellschaftsanalyse, Militarismus und dem unübersehbaren Machismo deckt sich Hardline in gleich mehreren Kernthemen mit faschistischen Ideologien.

In der BRD übernahm lediglich eine Handvoll Aktivist_innen die Hardline-Ideologie, ein paar mehr ihre abgeschwächte Form *Frontline*. Zwar distanzierte sich Frontline von Homophobie und schwieg sich über Schwangerschaftsabbrüche aus, die Stoßrichtung blieb aber eine ähnliche, eine autoritaristische: »Das Gesetz aus dem wir unser Handeln und unsere Ethik ableiten ist das Naturgesetz.« Behauptete biologische Eindeutigkeit bzw. Natürlichkeit sollte die Rechtfertigungsgrundlage für eine totalitäre Ideologie liefern.

In aktivistischer Hinsicht hatte auch Frontline kaum Einfluss. In Deutschland gab es zwar in so manchen veganen oder ökologischen Gruppen Aktivist_innen, die mit Frontline sympathisierten, dass sich aber ihre Inhalte durchsetzten, ist kaum bekannt. Nur wenige Aktivist_innen verfassten und verteilten Flugblätter.

Am ehesten Fuß fassen konnte die Zeitschrift *Instinkte*, die auch dem Frontline-Umfeld zuzurechnen ist. Die vierte Ausgabe des Magazins verdeutlichte sehr gut, wofür Frontline stand: Eine imaginierte Vergangenheit, in der Menschen im Einklang mit der Natur gelebt hätten, wird vor Pathos triefend idealisiert: »Einst glorreich wandelnd auf dem sonnigen Pfad der Rechtschaffenheit, im Einklang lebend mit den Gesetzen der Natur, wälzt der Mensch sich nun im tiefsten Morast aus Selbst- und Habsucht.« In militaristischer Rhetorik wird den Anhänger_innen eingepeitscht, sich auf die Seite der Natur zu schlagen: Man solle »die eigene Persönlichkeit, Fähigkeiten und Lebenswandel an die Anforderungen binden, die der Entschluss (sich gegen die Zivilisation zur Wehr zu setzen) mit sich bringt«. Moralisch aufgerüstet geht es ins letzte Gefecht: »Denk daran, es ist Krieg und Menschen sind die Feinde.«

Hardline und Frontline sorgten über die Jahre für starke Auseinandersetzungen in der veganen und radikalökologisch orientierten Szene. 1995 mussten in Hamburg die Tierrechtstage aufgrund der Diskussionen um eine Handvoll Frontliner_innen verfrüht abgebrochen werden. Spätestens zwei Jahre danach, 1997, wurde es still um die Zeitschrift *Instinkte*. Und auch Hardline bzw. Frontline Deutschland gehörten der Vergangenheit an – wo sie auch gerne bleiben können.

The Empire Strikes Back: staatliche Maßnahmen gegen radikalen Aktivismus

JF: *»Komm schon, lass uns da auf die Bank setzen.«*
DM: *»Klar«*
JF: »Hast du gehört, dass eine Belohnung auf uns ausgesetzt wurde?«
DM: *»Echt, wie viel?«*
[Unverständlich]
DM: *»Ich bin davon überzeugt, wenn es jemals Spuren wie Haare oder Fingerabdrücke gegeben hätte…«*
JF: *»…dann wären wir schon längst dran gewesen, meinst du?«*
DM: *»Sicher. Das meiste von dem ganzen Scheiß ist doch schon vier Jahre her. Solange uns niemand verpfeift, kann es keine Probleme geben. Schau, wenn irgendwas schief geht, dann ist das eine ganz große Sache. So etwas kann nur passieren, wenn wer glaubt, für seine Sünden in der Vergangenheit Buße tun zu müssen. Oder jemand verliert den Verstand und will die Belohnung.«*
JF: *»Das Geld, stimmt…«*
DM: *»Ach bitte, das ist's nicht wert. Echt nicht! Das wäre ja Verrat!«*

Daniel kam die Unterhaltung mit Jake komisch vor. Jake war überraschend gesprächig, was eigentlich überhaupt nicht seine Art war. Außerdem war es komisch, dass er Jake zufällig auf einer Tierrechtskonferenz in Washington traf. Bei so etwas war Jake sonst nie aufgetaucht…

Was Daniel McGowan nicht wusste, war, dass Jake Ferguson gezielt frühere Mitstreiter_innen aufsuchte, um Gespräche über ihre gemeinsamen Aktionen zu führen. Bedroht von vielen Jahren Haft wegen Brandstiftung, gab er dem Druck der Ermittler_innen nach und ließ sich vom FBI verkabeln. So suchte er gezielt manche Aktivist_innen ›von damals‹ auf, lief ihnen ›zufällig‹

über den Weg und provozierte gerichtstaugliche Geständnisse und nahm diese heimlich auf.

Am siebten Dezember 2005 folgten Festnahmen in mehreren US-Bundesstaaten. An nur einem Tag wurde beinahe eine ganze Generation an ELF-Aktivist_innen verhaftet. Einen Monat später wurden die sechs Frauen und sieben Männer, darunter Daniel McGowan, in Summe in 65 Punkten angeklagt. Die Liste der Vorwürfe waren überwältigend: Einer Aktivistin wurden 18 schwere Brandstiftungen vorgeworfen, darunter der Anschlag auf das Skigebiet in Vail, der mehrere Millionen Dollar Schaden verursacht hatte, sowie eine Aktion gegen einen Pferdeschlachthof, der bis auf die Grundmauern niedergebrannt war. Zusätzlich wurde ihnen Terrorismus vorgeworfen. Die meisten von ihnen waren mit lebenslangen Haftstrafen bedroht – und in den USA heißt das tatsächlich lebenslang.

Über viele Jahre hatten die Aktivist_innen in unterschiedlichen Besetzungen die Umweltzerstörer_innen und Tierausbeuter_innen das Fürchten gelehrt. Höchst professionell wurden Zeitzünder gebaut, Polizeifunk gescannt und brandtechnische Besonderheiten berücksichtigt, um den Schaden zu maximieren. Das FBI tappte jahrelang im Dunklen und hatte die meisten Fälle bereits ad acta gelegt, als sie zufällig auf einen Verdächtigen für eine verhältnismäßig kleine Aktion stießen: Jakob Ferguson. Mittels einfacher Tricks setzte die Polizei Ferguson unter Druck. Noch bevor er mit dem Tatvorwurf konfrontiert wurde, wurde er offen observiert, um seine Paranoia zu steigern. Als das FBI an seine Tür klopfte und dem mittlerweile Vater gewordenen Ferguson eine Anklage in Aussicht stellte, erklärte er sich bereit, zu kooperieren. Die ›Operation Backfire‹ des FBI war geboren. »Wir hatten davor ja keine Ahnung ,was Ferguson alles wusste. Er konnte quasi für jede ELF-Aktion der letzten zehn Jahre die Verantwortlichen nennen«, so der leitende Ermittler des FBI.

Unter dem extremen Druck der potenziell lebenslänglichen Haftstrafen gingen mehrere der Inhaftierten auf Deals mit der Staatsanwaltschaft ein und sagten gegen frühere Mitstreiter_innen aus.

> »Man kann mich sicher verurteilen für die Entscheidungen, die ich getroffen habe. Doch solange man nicht in der Position war wie ich,

> ist es schwer zu wissen, wie man sich selbst entschieden hätte. Ich dachte mir niemals, dass ich je mit dem FBI kooperieren würde. Ich dachte immer, ich würde stark bleiben und an meinen Idealen festhalten.... Aber manchmal ist man doch nicht so stark, wie man das von sich gerne denkt.«

So kommentiert die Angeklagte Suzanne Savoie ihre Kooperation mit der Staatsanwaltschaft. Einige wenige hielten dem Druck dennoch stand, unter ihnen auch Daniel McGowan. Dabei rettete der Deal auch Savoie nicht vor einer Haftstrafe: Sie wurde zu 51 Monaten Haft verurteilt, Daniel McGowan zu sieben Jahren. Die höchste ausgesprochene Strafe im Zuge der Operation Backfire betrug neun Jahre Haft.

Ein Aktivist jedoch konnte nicht mehr verurteilt werden. Am 21. Dezember 2005, zwei Wochen nach seiner Festnahme, wurde der linke Buchhändler William ›Bill‹ Rodgers tot in seiner Zelle aufgefunden. Nur zwei Wochen nach seiner Verhaftung hatte er Selbstmord begangen. In einem kurzen Abschiedsbrief schrieb er:

> »Seit Jahrtausenden führen manche menschliche Kulturen einen Krieg gegen die Erde. Ich habe mich entschlossen aufseiten der Bären, der Berglöwen, der Stinktiere, der Fledermäuse, der Saguaro-Kakteen, der Strandnelken und allem, was wild ist, zu kämpfen. So bin ich einfach nur ein weiteres Opfer in diesem Krieg.

Doch heute Nacht bin ich aus dem Gefängnis ausgebrochen. Ich kehre zurück nach Hause, zur Erde, dorthin, wo ich herkomme. Bill.«

Seit das FBI die ELF und die ALF mehrmals als die größte inländische Bedrohung der USA bezeichnet hatte und ihre Aktionen immer öfter als Terrorismus verurteilt wurden, scheuen die Beamt_innen weder Kosten noch Mühen, um Aktivist_innen anzuklagen. Diese drakonische Verfolgung von ›grünen‹ Aktivist_innen wird in den USA in Anlehnung an die Verfolgung von Kommunist_innen im letzten Jahrhundert (›Red Scare‹), als ›Green Scare‹ bezeichnet.

Die Brandmarkung als Terrorismus ermöglicht zum einen erheblich höhere Strafen für Aktionen, die bisher als schwere Sachbeschädigung oder Brandstiftung geahndet wurden. Marius Mason etwa wurde wegen der Inbrandsetzung eines Büros, das

Unterlagen zur Forschung an gentechnisch veränderten Pflanzen aufbewahrte, sowie wegen der Zerstörung von Rodungsgerätschaften zu unglaublichen 22 Jahren Haft verurteilt. Obwohl in keinem Fall Menschenleben gefährdet wurden, bekam Marius die höchste Strafe in der Geschichte der USA für Ökoaktivismus.

Zum anderen ermöglicht die Verfolgung von Terrorismus auch erweiterte Maßnahmen bei den Ermittlungen. Wie kreativ die US-amerikanischen Behörden in der ›Produktion‹ von Öko-Terrorist_innen sind, zeigt die tragische Geschichte von Eric McDavid:

Im Sommer 2005 lernte Eric bei einer Veranstaltung von CrimethInc. die Aktivistin Anna kennen. Sofort verstanden sich Anna und Eric sehr gut und tauschten sich über Politik, Aktivismus, aber auch Persönliches aus. Anna schlug vor, gemeinsam mit zwei Freund_innen Erics, selbst für Umweltschutz aktiv zu werden. Vor allem auf Initiative von Anna dachten sie auch radikalere Aktionen an, sprachen über Brandstiftungen und Sabotage gegen einen Damm, gegen eine Fischzuchtanlage sowie gegen das Institut für Waldgenetik des United States Forest Service und andere Einrichtungen. Bei den Überlegungen war Anna sehr enthusiastisch, während Eric und die anderen immer öfter Bedenken und Desinteresse äußerten. Anna schaffte es aber, Erics Zuneigung zu ihr zu nutzen, um ihn und die beiden anderen zu motivieren, Pläne zu schmieden. Dabei versorgte Anna die Gruppe mit Anleitungen zum Bau von Bomben, finanzierte den Einkauf von Materialien dafür und kümmerte sich um ein Auto sowie eine abgelegene Hütte zur Vorbereitung. Als die Gruppe im Januar 2006 völlig überraschend wegen der Planung von schweren Straftaten und Öko-Terrorismus verhaftet wurde, stellte sich heraus, dass Anna seit 2004 vom FBI bezahlt wurde, um undercover zu ermitteln – ›Anna‹ war natürlich nur ein Deckname, das Fahrzeug, die Hütte und sogar das Essen vom FBI finanziert. Die drei jungen Aktivist_innen wurden ein Jahr später wegen der Planung von Sprengstoffanschlägen gegen Firmen- und Regierungseigentum in Sacramento/Kalifornien für schuldig befunden. Eric, der nicht mit den Behörden kooperieren wollte, wurde zu 235 Monaten Haft verurteilt. Während für Erics Anwalt Ben Rosenfeld ›Annas‹

Engagement die offensichtlichste Verführung zu Straftaten war, die er in seiner Karriere erlebt hatte, lehnte das Berufungsgericht eine Klage gegen das Urteil ab. Erst im Januar 2015 gab die Anklage öffentlich zu, der Verteidigung mehrere tausend Seiten Beweismaterial des FBI vorenthalten zu haben, um die Informantin ›Anna‹ vor einer Verfolgung wegen Falschaussagen zu schützen. Am 8. Januar 2015, zehn Jahre nach Eric McDavids Verhaftung, ordnete ein Bundesrichter seine sofortige Freilassung an.

Südamerika

Doch nicht nur in Nordamerika wird hart gegen Aktivist_innen vorgegangen, die sich für den Schutz der Natur einsetzen. In Südamerika sind die Methoden zwar andere, aber um nichts weniger bedrohlich:

Laut der Ecuadorianischen Konförderation Indigener Gemeinschaften waren 2011 genau 189 Menschen wegen Sabotage und Terrorismus angeklagt, weil sie sich aktiv gegen die Privatisierung von natürlichen Ressourcen gestellt hatten. So wurden in Cochapata Aktivist_innen zu acht Jahren Haft verurteilt, nachdem sie Proteste gegen Minen organisiert hatten. Anfang Dezember 2014 wurde die verscharrte Leiche von José Isidro Tendetza Antún, einem Angehörigen der zweitgrößten Indigenen-Community Ecuadors, gefunden. Tendetza war ein bekannter Aktivist und Organisator von Protesten gegen den Abbau von Kupfer und Gold in der Region gewesen. Davor wurde er mehrmals bedroht, sein Haus wurde zum Teil zerstört und seine Farm niedergebrannt. Sogar Amnesty International hat die ecuadorianischen Zustände als einen Versuch kritisiert, die Opposition mundtot zu machen.

In Chile wird die Antiterror-Gesetzgebung großzügig gegen indigene Mapuche-Aktivist_innen eingesetzt, die den Staat beim Thema Kahlschlag herausfordern. Außerdem sollen die Strafen für Straßenblockaden, ein tradiertes Mittel indigenen Protests weltweit, drastisch angehoben werden.

In Honduras wurden Mitte 2013 drei Aktivist_innen wegen ihres Protests gegen illegalen Kahlschlag im Bezirk Yoro ermordet, als ihre Mitstreiter_innen gerade eine Straßenblockade gegen die Errichtung einer weiteren Mine abhielten.

Europa

Wenn auch in anderer Form, so gehört die Belästigung von Aktivist_innen durch die Behörden auch in Europa zum Alltag.

Aufgrund der sehr breiten und erfolgreichen Proteste der Ökologiebewegung im Großbritannien der 1990er Jahre erhöhte die Polizei den Druck auf Aktivist_innen erheblich. Allein im Jahr 1995 wurden 55 Hausdurchsuchungen durchgeführt, um Informationen über die Bewegung zu gewinnen und sie einzuschüchtern. Zwei Jahre später wurde drei Männern der Prozess gemacht, die u.a. für die Zeitung *Green Anarchist* arbeiteten. Ihnen wurde wegen der Veröffentlichung von Kommuniqués die Unterstützung von schweren Sachbeschädigungen vorgeworfen, wofür sie 1997 tatsächlich zu drei Jahren Haft verurteilt wurden.

Was die Behörden vor 20 Jahren konnten, das ist heute anscheinend auch nicht undenkbar: 2014 klagten sechs Journalist_innen, weil sie allein wegen ihrer Berichterstattung in eine Datenbank für inländische Extremist_innen aufgenommen wurden. Der Ausgang des Verfahrens ist abzuwarten.

Am anderen Ende des Kontinents, in Griechenland, sind die Verhältnisse um nichts weniger repressiv: Im Nordosten der Halbinsel Chalkidiki gibt es ein umfangreiches Vorkommen von Gold, Kupfer und Porphyr. Seit rund dreißig Jahren wird hier von verschiedenen Unternehmen in Minen geschürft. Die lokale Bevölkerung wehrt sich seit zwei Jahrzehnten gegen die Ausbeutung der natürlichen Ressourcen, da bereits jetzt die Auswirkungen auf die Umwelt beträchtlich sind. Ab 2016 will das kanadische Unternehmen *Hellas Gold* in einer weiteren Mine, der bisher größten, nahe der Ortschaft Ierissos Gold abbauen und eine Fabrik zur Verarbeitung in Betrieb nehmen. Bis zu 700 Meter Erdreich soll abgegraben, ein Teil des Skouries-Waldes abgeholzt und ein neun Kilometer langer Tunnel in den Berg gegraben werden. All dies ist nahe der Süßwasserquelle geplant, welche bisher die gesamte Region mit Trinkwasser versorgt. Darüber hinaus ist mit einer zusätzliche Verschmutzungen der Region mit Chemikalien zu rechnen, welche für die Verarbeitung des Goldes verwendet werden.

Um sich gegen diese Zerstörung zur Wehr zu setzen, organisierten sich lokale Aktivist_innen, veranstalteten Demonstrationen und hatten t dabei immer wieder mit Polizeigewalt zu kämpfen. Nachdem aber im Februar 2013 eine Gruppe von 40-50 Aktivist_innen auf das Baugelände von Hellas Gold vordrang, zwei Security-Bedienstete überwältigte und Fahrzeuge, Maschinen und Büroräume in Brand steckte, leidet die ansässige Bevölkerung unter ständigen Schikanen der Polizei. In den Monaten nach dem Angriff gab es in Ierissos fast täglich Hausdurchsuchungen und willkürliche Festnahmen. Über 400 Personen wurden gezwungen, DNA-Proben abzugeben, und 28 Menschen wurden wegen der Mitgliedschaft in einer kriminellen Vereinigung angeklagt. Seit 2014 wird die Baustelle von Söldnern der berüchtigten *Blackwater*-Privatarmee bewacht. Viele Aktivist_innen haben sogar die Auflage bekommen, sich dem Ort des Geschehens nicht weiter als dreieinhalb Kilometer zu nähern.

Doch der Widerstand gegen das kanadische Gold-Unternehmen hält weiter an und bis zum tatsächlichen Start des Abbaus 2016 kann noch einiges passieren.

So unterschiedlich die geschilderten Geschichten der Repression sind, so einhellig sind die Aussagen der Betroffenen über die erfahrene Solidarität. Begleitung bei Anwaltsterminen, Hilfe bei der Durchsicht der Gerichtsakten, Gespräche über Ängste und traumatisierende Erfahrungen bei Aktionen oder einfach eine Postkarte an politische Gefangene in den Knast – jede Unterstützung hilft und zeigt den von Repression betroffenen Aktivist_innen, dass sie nicht vergessen sind.

In einem Interview mit *Democracy Now!* beschrieb Eric McDavid eine Woche nach seiner Freilassung nach zehn Jahren ungerechtfertigter Haft seine Gefühle: »Die Unterstützung von draußen hat mein Herz geöffnet, jeden Tag – jeden Moment, seitdem ich meinen Freund_innen und meiner Familie entrissen wurde.«

Der Gendreck muss weg! Freiwillige Feldbefreiungen

Krack! Knack! Krack! Jeder Schritt eine kaputt getretene Pflanze. Ein mit Sandalen bekleidetes Fußpaar bahnt sich seinen zerstörerischen Weg durch ein Feld mit gentechnisch verändertem Mais. Der Blick zurück versichert: keine einzige Pflanze bleibt verschont. Im Zuge des *Gentechnikfreien Wochenendes* Ende Juli 2007 in Altreetz östlich von Berlin wird diskutiert, das Durchfließen von Polizeiabsperrungen trainiert und zum Höhepunkt des Wochenendes ein örtliches Genmaisfeld platt getreten. Doch die Aktion bleibt nicht ohne Folgen: Einige der Aktivist_innen müssen ein Bußgeld als Haftstrafe absitzen, wenngleich das deutsche Landwirtschaftsministerium zwei Jahre später die Maissorte MON810 wegen schädlicher Auswirkungen auf die Umwelt verbietet. Bei MON810 werden Gene aus anderen Organismen in das Mais-Genom eingeschleust, sodass die Pflanzen eigene, für Insekten tödliche, Stoffe produzieren.

Seit der Aufhebung des EU-Moratoriums zur Agro-Gentechnik im Jahr 2005 wurden in Deutschland großflächig gentechnisch manipulierte Pflanzen angebaut. Die Initiative *Gendreck Weg!* und ähnliche Gruppen haben sich jahrelang dem Kampf dagegen verschrieben. Bei ›Freiwilligen Feldbefreiungen‹ wurden die Felder öffentlichkeitswirksam von Aktivist_innen vom ›Gendreck‹ befreit; Mit dabei sind Bäuer_innen, Imker_innen, Student_innen oder ganz einfach Anwohner_innen, die keine gentechnisch veränderten Pflanzen (*genetically modified organism, GMO*) auf dem Feld hinter ihrem Haus haben wollen.

Am 31. Juli 2005 fand eine der ersten Aktionen der GMO-Gegner_innen statt. In Hohenstein/Brandenburg versuchten rund 400 Aktivist_innen auf ein Feld mit zehn Hektar Genmais zu gelangen. Die Polizei war mit Hubschraubern, Hunden, einer Reitstaffel und einem Räumpanzer vor Ort, um die Saat des Agrarkonzerns Monsanto zu schützen. 60 bis 70 Aktivist_innen wurden verhaftet, nur einer Handvoll gelang es, die Polizeiabsperrungen zu umgehen und auf das Maisfeld zu laufen. Dort konnten sie nur symbolisch einen Teil der Pflanzen unschädlich machen. Nichtsdestotrotz planten sie gleich weitere Aktionen. Das Problem ist, so die Aktivist_innen, dass Gentechnik in der Landschaft nicht rückholbar sei. Hat sich die manipulierte Art in den umliegenden Feldern ausgekreuzt, so sei es bereits zu spät. Außerdem sorgten der Pollenflug und Bienen dafür, dass sich die Pflanzengene verbreiteten, selbst Hecken könnten dies nicht verhindern. Deswegen, so die Aktivist_innen, müssten die Pflanzen vor der Blüte am besten vernichtet werden.

Im Jahr 2007 waren die Feldbefreier_innen besonders fleißig: Allein im Juli wurden in Zehdenick/Badingen, nördlich von Berlin, Gentech-Pflanzen zertreten und im Uecker-Randow-Kreis/Mecklenburg-Vorpommern gleich zwei Versuchsfelder der Raminer Agrar GmbH zerstört. Auch in Gusow/Brandenburg wurden Genmais-Pflanzen zertrampelt. In ihrem Bericht schrieben die Aktivist_innen dazu: »Das Zerstören der Pflanzen ist ungefähr so anstrengend wie Pogo tanzen, aber es erfüllt einen mit dem angenehmen Gefühl der Sinnhaftigkeit seines Handels... Bald ist der Mais reif, es ist daher höchste (M)aisenbahn, ihn jetzt platt zu machen!« Die »Autonomen Genmais-Zünsler« berichteten im selben Monat 2007 von einer »mysteriösen Halmschwäche«, die rund ein Viertel der Gesamtanbaufläche eines Genmaisfeldes in Oberbohingen bei Stuttgart in einer Nacht hinweggerafft hätte.

Im April 2008 wurde ein Feld in Gatersleben/Sachsen-Anhalt von Genweizen befreit, nachdem Anwohner_innenproteste ins Leere gelaufen waren. In unmittelbarer Nähe des Genfelds befand sich eine öffentliche Genbank, in der alte und neuere, seltene und häufige Pflanzensorten aufbewahrt werden konnten. Sie sollte Forschungseinrichtungen, Entwicklungshilfeprojekten, Züchter_innen und Landwirt_innen dienen, um dort Saatgutproben abzulegen und sie damit dauerhaft zu erhalten. Laut den Betreiber_innen war der Genpool durch den nahegelegenen gentechnisch veränderten Weizen gefährdet.

In den letzten Jahren wurden in vielen Teilen der Bundesrepublik GMO-Pflanzen zerstampft, zerhackt oder ausgerissen. Aktivist_innen aus dem Raum Gießen schafften es etwa durch Aktionen 2006, 2007 und 2008 die Region GMO-frei zu trampeln. 2013 wurden an zwei bewachten GMO-Feldern nahe Rostock sogar die extra abgestellten Wachmänner überwältigt, bevor die Felder restlos zerstört wurden.

Auf EU-Ebene sind zahlreiche GMO-Pflanzen zugelassen. Die meisten von ihnen werden allerdings nur importiert, da ihr Anbau weiterhin verboten ist. Anders als in Deutschland sind in Österreich und der Schweiz bisher noch keine Gentech-Pflanzen zur kommerziellen Verwertung angebaut worden. Für Forschungszwecke wurden sie in Österreich nur in geschlossenen Bereichen, in der Schweiz erst seit wenigen Jahren auf bewachten Versuchsfeldern gezogen. Seit 1982 die ersten gentechnisch veränderten Pflanzen, damals Tabak, kommerziell ausgebracht wurden, hat sich die Aussaat von GMOs rasant ausgebreitet und heute werden sie auf allen Kontinenten angebaut. Rund 10% der Anbauflächen weltweit werden derzeit mit GMO-Saat bewirtschaftet, und es sind nur 22 Länder, die den Anbau von Gentech-Pflanzen prinzipiell verbieten, darunter Peru, Ecuador, Venezuela und Madagaskar. In der EU gibt es kaum GMO-freie Länder, aber eine Menge GMO-freier Regionen, so ist zum Beispiel Frankreich mittlerweile beinahe GMO-frei.

Die USA, Brasilien und Argentinien sind führend im kommerziellen Anbau von GMO, produziert wird dort gentechnisch verändertes Soja, Mais, Baumwolle und Raps, die Pflanzen sind entweder herbizidtolerant, insektenresistent oder beides.

Auch außerhalb Deutschlands ist der Widerstand gegen GMO gut organisiert. Im August 2010 zerstörten 70 Aktivist_innen öffentlich ein Gentech-Maisfeld im italienischen Vivaro, einer Ortschaft nördlich von Venedig. Ähnliches wurde auch aus mehreren anderen Ländern wie Portugal, den Niederlanden oder Paraguay berichtet. In Belgien wurden um die Jahrtausendwende so viele GMO-Felder zerstört, dass der Anbau in den Folgejahren stark zurückging, 2011 waren es nur mehr zwei Freilandversuche. Eines davon, ein großes Kartoffelfeld bei Wetteren, wurde in einer öffentlichkeitswirksamen Aktion Ende Mai 2011 ebenfalls zum Teil zerstört.

In England schafften es Gentech-Gegner_innen sogar, Unternehmen wie Bayer Cropscience, Aventis und SynGenta zeitweise aus dem Land zu vertreiben, weil sie immer wieder die Felder der Unternehmen verwüsteten.

In den letzten Jahren mussten sich allerdings auch viele Aktivist_innen mit den juristischen Folgen der Feldbefreiungsaktionen herumschlagen: In Deutschland wurden mehrmals Menschen zu Geldstrafen verurteilt, in Belgien gab es Anklagen wegen organisierter Kriminalität und in Portugal sogar wegen Terrorismus.

Anders in Frankreich: Im Mai 2014 wurden die Anklagen gegen 54 Aktivist_innen fallen gelassent, die im Jahr 2010 siebzig genetisch modifizierte Weinreben unschädlich gemacht hatten. Das Gericht hatte die Versuchsanordnungen mit GMO-Wein nachträglich für illegal erklärt, weil die durchführende Forschungseinrichtung nicht die Ungefährlichkeit der Pflanzen beweisen konnte.

Für nicht von der Maschine vermittelte Beziehungen: der Anarcho-Primitivismus

> »Wir wollen eine kritische Analyse der technologischen Struktur der westlichen Zivilisation entwickeln, gepaart mit einer Neueinschätzung indigener Lebensweisen sowie primitiver und ursprünglicher Gesellschaften. In diesem Sinne sind wir Primitivisten…«

Mit diesen programmatischen Worten leitete die Detroiter anarchistische Zeitschrift *Fifth Estate* eine ihrer 1986er-Ausgaben ein und begründete damit, ohne es geplant zu haben, eine neue anarchistische Strömung: den Anarcho-Primitivismus.

Seit den 1970er Jahren arbeiten überwiegend US-Theoretiker_innen wie John Zerzan oder David Watson an dieser grundlegenden Kritik der Gesellschaft, die vor allem die Zivilisation mit ihren modernen Technologien ins Zentrum des Interesses rückt. Beide waren assoziiert mit der Zeitschrift *Fifth Estate*. Zerzan wurde durch seine öffentlichen Verteidigung der Sachbeschädigungen des Schwarzen Blocks bei den Protesten gegen die Konferenz der World Trade Organisation (WTO) 1999 in Seattle bekannt. Davor schon machte Zerzan von sich reden, als er den Gerichtsprozess des amerikanischen Mathematikers und Anarchisten Ted Kaczynski kritisch-solidarisch begleitete. Kaczynski hatte zwischen 1978 und 1995 zahlreiche Briefbomben an Menschen verschickt, die seiner Auffassung zufolge wichtige Repräsentant_innen der industriellen Zivilisation darstellten. Die teils tödlichen Bomben auf Universitäten und Fluglinien handelten ihm die Bezeichnung Unabomber (»university and airline bomber«) ein und halfen ihm, die Veröffentlichung seines zivilisationskritischen Textes *Die industrielle Gesellschaft und ihre Zukunft* in großen Zeitungen zu erzwingen. Dessen zentrale Aussage war unter Punkt 206 zu lesen: »Hinsichtlich einer revolutionären Strategie sind die Punkte, auf denen wir absolut bestehen müssen, dass das ausschlaggebende, einzige Ziel die Vernichtung der modernen Technologie sein muss und dass keine anderen Ziele daneben bestehen sollen.«

Kaczynski ist einer der frühesten Anarcho-Primitivisten und gilt auch heute noch zahlreichen Militanten bis hin zu ausgesprochenen Nihilist_innen als Bezugspunkt. So etwa einem Netzwerk aus mexikanischen Aktivist_innen, die sich in den letzten Jahren unter dem Namen *Reacción Salvaje* zu zahlreichen Bomben- und Brandanschlägen gegen Banken und universitäre Einrichtungen bekannten.

Obwohl die Theoretiker_innen des Primitivismus, so auch John Zerzan, modernen Wissenschaften sehr kritisch gegenüberstehen, beziehen sie sich vermehrt auf Wissen aus anthropologischen Studien, um Rückschlüsse über die Lebensweise der Menschheit vor 10.000 Jahren zu ziehen. In ihnen sehen sie die *ursprüngliche naturnahe Anarchie*, die mit der Sesshaftwerdung und der Arbeitsteilung zunichte gemacht worden war. Konkret der Schritt von einer Jäger_innen-Sammler_innen-Gesellschaft hin zur agrarischen Selbstversorgung hat nicht nur zu Bevölkerungswachstum, sondern auch zur sozialen Differenzierung, Zwang und Entfremdung geführt.

Die meisten Versuche, die Gesellschaft radikal zu ändern, müssen aus Sicht der Anarcho-Primitivist_innen völlig reformistisch oder zumindest viel zu kurz gegriffen erscheinen. Sie können nicht tiefgreifend genug sein, solange sie nicht technologische Errungenschaften infrage stellen. So schreibt das *Fifth Estate Magazin*:

> »Technologie ist nicht einfach ein Werkzeug, das auf die Art verwendet werden kann, wie wir das wollen. Es steht für eine bestimmte Art der sozialen Beziehungen, sie läuft nach ihren eigenen Regeln. Wollen wir die Technologie nutzen, so müssen wir ihre Autorität akzeptieren. Die enorme Größe, ihre komplexen Verbindungen sowie das arbeitsteilige Vorgehen moderner technologischer Systeme machen autoritäres Befehlen essenziell und individuelle, freie Entscheidungsprozesse unmöglich.«

Die Technologie wird von Anarcho-Primitivist_innen als Vermittlerin zwischen Menschen und der natürlichen Welt, aber auch zwischen den Menschen gedeutet. Die direkte Kommunikation wird durch Technologien ersetzt und schränkt somit das direkte Erfahren und Empfindung auf das technisch Mögliche ein. Dies führe zu einer Art Tunnel-Wahrnehmung, die viele Eindrücke und Ausdrucksmöglichkeiten außen vor lässt, die Menschen aber ausmachen, wie etwa das Riechen oder das Fühlen. Dies separiert uns nicht nur von der Natur, sondern trennt Menschen zunehmend auch voneinander. Ebenso verhält es sich mit unserer symbolischen Kultur, folgt man Zerzan. Diese ersetze wirkliche Kommunikation, Erfahrungen und Austausch durch Sprache, Kunst oder Zeit, so der Theoretiker. In der ›virtuellen Realität‹ werde dieses Phänomen auf die Spitze getrieben. Die Wahrnehmung durch Symbole verunmögliche uns geradezu den direkten Kontakt mit der Realität. Darin sieht der Anarcho-Primitivist Zerzan und viele seiner Mitstreiter_innen einen der Ursprünge moderner Herrschaft.

Diese Suche nach dem Ursprung durchzieht anarcho-primitivistische Veröffentlichungen. Sie versuchen auszuloten, wie weit die Revolutionierung der Gesellschaft gehen müsse, um Herrschaft von Grund auf zu beseitigen. Die Ergebnisse sind umstritten, viele Primitivist_innen können sich aber auf die Tatsache einigen, dass die Gesellschaft vor der neolithischen Revolution, also vor mehr als 10.000 Jahren, noch eine bessere gewesen sei. Damals lebten Menschen in kleinen, nomadischen Gruppen und waren politisch als auch ökonomisch gleichgestellt. Tatsächlich soll das Leben vor der Etablierung des Ackerbaus verhältnismäßig friedlich gewesen sein und die Menschheit soll allen wilden Vorstellungen zum Trotz gut versorgt und dementsprechend gesund gelebt haben. Das menschliche Leben habe in einem engen Austausch mit der Natur gestanden. Getauscht worden wäre auf Basis von Bedürfnissen, anstatt nach einem festgelegten Tauschwert oder nach der dafür geleisteten Arbeit. Es sei aber angemerkt, dass die Interpretationen der Forschung zum Menschenleben in der Altsteinzeit umstritten sind. Gegenwärtige Bezüge Zerzans sind die indigenen Gesellschaften der !Kung und Mbuti: Diese leben im Gebiet der Kalahari Wüste, im Grenzgebiet zwischen Namibia, Botswana und Angola bzw. im Nordosten der Demokratischen Republik Kongo, jenseits staatlicher Strukturen, in kleinen Kollektiven in weitgehender Gleichberechtigung und praktizieren gemeinschaftliche Kindererziehung.

Anarcho-Primitivist_innen streben jedoch keineswegs eine Rückkehr ins Paläozoikum an, sie wollen nicht in einer Höhle wohnen. Stattdessen sehen sie die Forschung zur ursprünglichen Anarchie lediglich als Inspiration dafür, wie sich die menschliche Gesellschaft nach ihrer Revolutionierung entwickeln sollte. Es sei auf alle Fälle ein Prozess der De-Zivilisierung notwendig, der auch die De-Industrialisierung, die Ent-Technologisierung und die Aufhebung der Arbeitsteilung nach sich ziehe. Doch konkrete utopische Entwürfe sind bei Anarcho-Primitivist_innen rar gesät, ebenso die Vorstellung, wie ein solcher tiefgreifender Wandel konkret aussehen könnte.

Mit welchen Mitteln die fortschreitende Technologisierung zu stoppen wäre, das wollten drei Öko-Anarchist_innen am 15. April 2010 in der Schweiz ausprobieren.

Bei einer Verkehrskontrolle im Schweizer Ort Langnau am Albis wurde in einem aus Italien kommenden PKW Sprengstoff und Gegenstände zum Bau von Sprengsätzen gefunden. Die drei Insass_innen Billy, Silvia und Costa wurden festgenommen. Im Auto wurde auch ein Kommuniqué gefunden. Damit stand fest, dass der Sprengstoff dem IBM Nano- und Biotechnologieforschungszentrum im nahen Rüschlikon gegolten hätte. Die drei Aktivist_innen verweigerten jede Kooperation mit den Ermittlungsbehörden, verlasen jedoch vor Gericht eine ausführliche politische Stellungnahme, Darin hieß es unter anderem:

> »Wir benötigen eine neue ökologische Weltanschauung zur Entwicklung einer ökozentrischen Sensibilität, zum Aufbau eines Netzes von nicht hierarchischen Zusammenhängen und Wechselbeziehungen, wo sich reale, nicht von der Maschine und ihren Institutionen vermittelte Beziehungen entwickeln können, in denen man als Individuen selbstbestimmt handeln und das eigene Leben wieder vollständig in die eigenen Hände nehmen kann...«

Billy, Silvia und Costa wurden im Juli 2011 zu kürzeren Haftstrafen verurteilt, und im Herbst 2012 wieder aus der Haft entlassen.

No TAV! Der Kampf gegen den Hochgeschwindigkeitszug

Das malerische Susatal im Nordwesten Italiens ist keineswegs von der Außenwelt abgeschnitten, wie manche Berichte glauben machen wollen. Stattdessen gibt es hier eine Autobahn, zwei Bundesstraßen sowie eine Zugtrasse, die den Personen-, aber auch Güterverkehr kanalisieren. Nichtsdestotrotz gibt es seit 1991 Pläne der italienischen Regierung, durch das zwei Kilometer breite Tal eine weitere Trasse für einen Hochgeschwindigkeitszug, den Treno ad Alta Velocitá, kurz TAV, zu bauen. Schon jetzt fährt der französische Hochgeschwindigkeitszug TGV durch das Tal westlich von Turin, jedoch mit gedrosselter Geschwindigkeit. Das von der EU mitfinanzierte Großprojekt TAV ist Teil einer transeuropäischen Zugstrecke von Lyon nach Budapest und weiter nach Kiew.

Um die französisch-italienische Grenze zu queren, muss die Zugstrecke zwei Tunnels umfassen, die in Summe 56 Kilometer lang sein werden. Allein das macht die TAV-Strecke durch das Susatal zu einem Milliardenprojekt, das bereits jetzt schon auf die vierfachen Kosten der eigentlich geplanten 13 Milliarden Euro geschätzt wird. Da der bestehende Personenzug noch bei Weitem nicht ausgelastet ist, soll der TAV vor allem dem Transport von Gütern dienen. Nachdem Alternativen zu den vorliegenden Plänen, wie etwa der Ausbau der bestehenden Zugverbindung, von der italienischen Regierung konsequent zurückgewiesen werden, ist der Vermutung von Kritiker_innen, der Bau des TAV diene nur dazu, Geld in die Taschen der Baufirmen, ihrer Aktionär_innen und anderer Beteiligter zu bringen, einiges abzugewinnen. Auch die Vorwürfe vonseiten *No TAV*, das ganze Bauprojekt sei mittlerweile von der kalabrischen Mafia 'Ndrangheta durchsetzt, ist mittlerweile durch die italienische Justiz bestätigt. Das durch die geplanten Bauarbeiten im asbest- und uranhaltigen Gestein auftretende Gesundheitsrisiko für die rund 80.000 Bewohner_innen des Tals führte dazu, dass der Großteil der Betroffenen den TAV ablehnen. Zudem sind die Perspektive, die kommenden 15

Jahre neben einer der größten Baustellen Europas und danach neben einer Hochgeschwindigkeitszugtrasse zu leben, sowie die drohenden Grundstücksenteignungen gute Gründe, sich der TAV-Unternehmung entgegenzustellen.

Seit über 20 Jahren organisiert sich die widerständige Bevölkerung in demokratischen Ortskomitees – mit der Unterstützung der Bürgermeister_innen der 45 Gemeinden des Tals sowie einiger kleinerer Parteien und Umweltorganisationen der Gegend. Im Susatal gibt es eine lange Tradition des oppositionellen Aktivismus: Es war nicht nur ein strategisch wichtiger Bereich im Partisan_innenkampf gegen den Faschismus Mitte des letzten Jahrhunderts, viele Anwohner_innen haben auch Erfahrung mit gewerkschaftlichem Engagement und Umweltschutz-Aktivismus.

Zum Baubeginn 2005 wurde im Tal der Generalstreik ausgerufen und die zentral gelegene Ortschaft Venaus besetzt. Die eine Woche später durchgeführte polizeiliche Räumung beantworteten die TAV-Gegner_innen mit einer 20.000 Menschen starken Großdemonstration, mit deren Hilfe die Polizei zurückgedrängt und das Tal von den Anwohner_innen für Bautrupps und Staatsmacht abgeriegelt wurde.

Als das Ende einer Frist der EU-Geldgeber_innen nahte und die Bauarbeiten im Bereich Chiomonte beginnen sollten, wurde im Mai 2011 das Gebiet der geplanten Baustelle von No TAV besetzt. Bei der gewaltsamen Räumung im Juni gab es heftige Auseinandersetzungen zwischen Besetzer_innen und der Polizei; ebenso im Juli 2011, als eine Großdemonstration mit 40.000 Menschen erfolglos versuchte, das ehemals besetzte Grundstück wieder einzunehmen. In weiterer Folge erklärte die italienische Regierung die Baustelle zum »Ort des nationalen Interesses« und schaffte so die rechtliche Grundlage, denselben von Einheiten der italienischen Gebirgsjäger, also dem Militär, bewachen zu lassen.

Nachdem Ende Januar 2012 im Zuge einer landesweiten Razzia gegen die No-TAV-Bewegung 26 Menschen verhaftet worden waren, wurde als Antwort auf die Verhaftungen unter dem Motto *»La valle non si arresta«* (*»Das Tal kann nicht ver-*

haftet werden«) zu einer Solidaritätsdemonstration aufgerufen. Dem Ruf folgten rund 70.000 Menschen und setzten damit den größten symbolischen Akt gegen den Hochgeschwindigkeitszug in der Geschichte der Proteste im Susatal. Als dann Ende Februar einzelne Grundstücke auf der geplanten Zugtrasse enteignet wurden, hatten die Auseinandersetzungen ihren vorläufigen Höhepunkt erreicht.

Anfang 2014 rief die bis dahin unbekannte Gruppe *Nuclei Operativi Armati* (NOA) zum bewaffneten Kampf gegen TAV auf. Ein »revolutionäres Gericht« hätte diejenigen Politiker_innen und Polizist_innen zum Tode verurteilt, welche die Proteste zu unterdrücken versuchten. No TAV distanzierte sich von den Gewaltandrohungen und bestärkte seine Position, ein Bürger_innenprotest zu sein, der von Gewalt gegen Personen Abstand nähme und stattdessen auf zivilen Ungehorsam setze.

In diesem Sinne fanden Ende 2014 sechs Anschläge auf Einrichtungen von Hochgeschwindigkeitszügen im Norden Italiens statt. Bei einer Aktion beim Bahnhof Santa Viola in Bologna zerstörte ein Feuer das regionale Kontrollsystem des Zugverkehrs zur Gänze, was das gesamte Zugnetzwerk Norditaliens über Stunden lahmlegte.

Die vermehrten Angriffe gegen die TAV-Baustellen, deren drei größten Ziel von Anschlägen gewesen waren, führten jedoch auch zu massiver staatlicher Repression: Ende des Jahres 2014 wurden drei inhaftierte No-TAV-Aktivist_innen aus anarchistischen Zusammenhängen zwar vom Vorwurf des Terrorismus freigesprochen, aber dennoch zu vier Jahren Haft verurteilt. Sie hatten im Mai 2013 gemeinsam mit 30 anderen Personen die Polizei mit Molotowcocktails angegriffen, während weitere Aktivist_innen versuchten, auf eine TAV-Baustelle vorzudringen.

Nicht einmal einen Monat später, Anfang 2015, wurden 47 No-TAV-Aktivist_innen zu Strafen zwischen 250 Euro und viereinhalb Jahren Haft verurteilt, weil sie an den Auseinandersetzungen im Sommer 2011 beteiligt gewesen sein sollen. Sechs weitere Angeklagte wurden freigesprochen.

Die Bewegung No TAV wurde immer wieder von Medien als gewaltbereit oder terroristisch verunglimpft, die Aktivist_innen jedoch bleiben ihrer Idee des radikalen Widerstands gegen Eigentum, ohne Gewalt gegen Menschen auszuüben, treu. Als Medien nach der versuchten Erstürmung mit Molotowcocktails 2013 den Aktivist_innen eine Mordabsicht unterstellten, verteidigten sich diese in einer öffentlichen Stellungnahme und stellten gewohnt eloquent fest:

> »Wir unterstreichen nochmals, dass das Zerschneiden von Zäunen und Zerstören von Baumaschinen gewaltfreie Aktionen sind. Die Realität ist: Es gab keine Verletzen bei dem Angriff und er zielte auf Infrastrukturen und nicht auf Menschen. Ein rußgeschwärzter Kompressor ist der einzige ›Verletzte‹. Etwas wenig für ein Tötungsdelikt, außer der Kompressor würde zum Baustellenmitarbeiter erklärt werden.«

Seit Kurzem regt sich auch Widerstand auf der französischen Seite des Bauprojektes. Die weitere Entwicklung der Proteste dürfte also spannend bleiben.

Eine Ökologie der Freiheit: der demokratische Konföderalismus

Einzelnen Akteur_innen kommen im Umgang mit der Natur sehr unterschiedliche Positionen zu: Manches Unternehmen motiviert das Streben nach wirtschaftlicher Expansion, in die Urwälder Perus einzudringen. Den Holzfäller hingegen treibt wohl eher der gesellschaftliche Zwang zur Lohnarbeit. Die europäische Mittelklasse sucht den Luxus, wenn sie sich Tropenholz ins Wohnzimmer holt und die australische Parlamentarierin drängt der politökonomische Sachzwang zu umweltschädlichen Verordnungen. Dies hat der Biozentrismus von Earth First! lange genauso vernachlässigt wie die Brandsätze der Anhänger_innen eines antizivilisatorischen Zugangs.

Die soziale Ökologie versucht dem mit einer materialistischen Analyse beizukommen und Aspekte der sozialen Gerechtigkeit vermehrt einzubeziehen.

Der mittlerweile verstorbene US-Theoretiker Murray Bookchin und seine Kolleg_innen vom Institute for Social Ecology sind der Meinung, dass die ökologische Krise nicht gelöst werden kann, ohne den ihr zugrunde liegenden sozialen Problemen beizukommen. Vielmehr noch: Alle ökologischen Probleme sind auf soziale Missstände zurückzuführen, weswegen der Vorstand des Instituts, Daniel Chodorkoff, einen klaren Zusammenhang zwischen der maßlosen Naturbeherrschung und dem Machtgefälle innerhalb der menschlichen Gemeinschaften sieht. Die gegenwärtige kapitalistische Gesellschaft ist von Vereinheitlichung und Vereinzelung geprägt, welche die Zerstörung des sozialen und solidarischen Zusammenlebens mit sich bringt.

Während der Biozentrismus in der Ausbeutung der Natur die » Ursünde der Menschheit« sieht oder die Zivilisationskritiker_innen die Quelle allen Übels in der Sesshaftwerdung und dem Ackerbau zu finden glauben, rückt die soziale Ökologie Ungleichheiten innerhalb der menschlichen Gesellschaft in den Fokus des Interesses: ökonomische Ungleichheit, ungleiche Möglichkeiten zur Bildung, mangelnde Geschlechtergerechtigkeit und rassistische Benachteiligung. In ihrer Analyse beruft sich die soziale Ökologie auf die Tradition von Denker_innen wie Karl Marx, der Frankfurter Schule, Louise Michel, Emma Goldman und des Ökofeminismus, hat also marxistische als auch anarchistische Wurzeln. Ihr Begründer und bekanntester Vertreter, Murray Bookchin, machte die sozialen Beziehungen unter Menschen mitverantwortlich für das ökologische Desaster. Beziehungen innerhalb des eigenen Umfelds wurden immer mehr von marktförmigen Strukturen geprägt, ihren Höhepunkt findet diese Entwicklung im modernen Kapitalismus. Demzufolge sollte es nicht verwundern, wenn sich die Beziehung von Menschen zur Natur ebenso instrumentell darstellt wie die zur Ware. Bookchin resümiert:

> »Unsere Welt muss sich entweder revolutionär verändern, und zwar so grundlegend, dass die Menschheit ihre Beziehungen und ihr Lebenskonzept vollständig umstellt, oder es steuert auf eine Apokalypse zu, die die Präsenz der Menschheit auf der Erde beenden wird.«

Um diese Revolution zu realisieren, muss sich die Gesellschaft neu organisieren und die kapitalistische Produktionsweise und Gesellschaftsordnung überwinden. Man müsste in kleinen Gemeinden zusammenleben, sich selbst verwalten, ökologisch anbauen und erneuerbare Energien nutzen. Unter dem Schlagwort ›demokratischer Konföderalismus‹ hat Bookchin eine Utopie geschaffen, die zugleich ein Gegenmodell und den Ersatz für den modernen Nationalstaat darstellen soll. Dabei wird explizit nicht versucht, die Macht vom Staat zu übernehmen, dieser soll stattdessen langfristig ersetzt werden, da der Staat, nicht nur laut Bookchin, ein organisiertes Herrschaftsinstrument der Machthabenden ist.

Anders als Primitivist_innen und auch anders als der Biozentrismus will Murray Bookchin die technologischen Errungenschaften der Zivilisation für eine zukünftige ökologische Lebensweise nutzbar machen. Die moderne Technologie gibt uns sogar viele der Werkzeuge an die Hand, um selbstverwaltet ökologisch und dennoch effizient zu produzieren, sodass trotzdem genug Zeit für Regeneration und Selbstentfaltung bleibt.

In Bookchins Vision leben Menschen, anders als in einer den Maßstäben des Kapitalismus nachempfundenen Welt, nicht in Konkurrenz, sondern in einer dezentralisierten, direktdemokratischen, in Gemeinden organisierten Gesellschaft. Ziel ist ein breites zivilgesellschaftliches Engagement aller Beteiligten in politischen Prozessen, das in öffentlichen Versammlungen auf Gemeindeebene stattfinden soll. Privatbesitz sowie die Leitung von kommunalen Unternehmen sollen der Gemeinde übertragen werden. Bei Versammlungen auf Gemeindeebene werden nicht nur eine Verfassung und Gesetze ausgearbeitet, womit sich Bookchin von der Vorstellung vieler Anarchist_innen abwendet. Dort werden auch alle anderen Belange des täglichen Lebens wie öffentlicher Transport, Freizeitbeschäftigungen, Bildung, das Sozialsystem, die öffentliche Sicherheit sowie Ökologie und die Wohnungspolitik besprochen. Menschen sollten den bioregionalen Anforderungen gerecht leben und Technologien und Kultivierungsmethoden nutzen, die den lokalen Gegebenheiten auf ökologische Weise gerecht werden. Nach Murray Bookchin sollte die Dichotomie zwischen Stadt und Land aufgehoben werden. Die Zentralisierung der Großstädte bringt auch mit sich, dass keine Lebensmittel nahe am Lebensmittelpunkt der Menschen angebaut werden können. Würde die menschliche Wohnstruktur dezentralisiert, so wäre Gemüse aus dem Garten hinter dem Haus kein Luxus mehr, sondern Selbstverständlichkeit. Die Dezentralisierung könnte nicht nur ein dezentrale Energieproduktion durch Wind, Sonne und Wasser mit sich bringen, sie hätte auch das Potenzial, die menschliche Mobilität zu verändern. In einer dezentralisierten Gesellschaft hätten Menschen nicht nur Zugang zu den kulturellen Benefits der Stadt, sondern auch zu den ländlichen Vorteilen der Dörfer. Kurzum, Dezentralisierung könnte ein anhaltendes Gleichgewicht zwischen der Menschheit und der Natur gewährleisten. Diese ›Ökologie der Freiheit‹, so Bookchin, würde Menschen mit der Natur, aber auch den Menschen mit anderen Menschen wieder vereinigen, denn sie ist sozial gerecht und ökologisch.

Bookchins Vision einer vernünftigen Gesellschaft stützt sich nicht nur auf Selbstorganisation, sondern auch auf gezielten

Rückzug wirtschaftlicher Strukturen, soweit sie über ihren eigentlichen Zweck der Produktion und Versorgung aller Bedürftigen hinausgehen. In aktuellen Diskussionen wird dies als ›Degrowth‹ oder ›Décroissance‹ bezeichnet, als freiwillige kontrollierte oder geplante Schrumpfung von wirtschaftlicher Aktivität hin zu einem nachhaltigen Standard zugunsten der sozialen Gleichheit und ökologischen Nachhaltigkeit.

Das Degrowth-Konzept schafft es, ökologische Aktivist_innen, Wirtschaftwissenschaftler_innen ebenso wie Hausbesetzer_innen, Dumbster-Diver_innen und linke Soziolog_innen zusammenzubringen. Die jährlich stattfindenden Degrowth-Konferenzen zeigen zumindest in Ansätzen, worum es progressiven politischen Bewegungen gehen sollte: Eine radikale ökologische Gesellschaftskritik mehrheitsfähig zu machen, um gesellschaftliche Diskurse tatsächlich zu verschieben.

Castor schottern! Atomausstieg ist Handarbeit

Eine radikalökologische Gesellschaftskritik mehrheitsfähig zu machen, um gesellschaftliche Diskurse zu verschieben kann, ja, muss auch mittels Aktionismus umgesetzt werden.

Die beinahe regelmäßigen Atommüll-Transporte ins deutsche Endlager Gorleben im Wendland sind Gelegenheiten eine solche Gesellschaftskritik in die Tat umzusetzen – am besten nicht alleine!

Ab 2009 riefen Hunderte Atomkraft-Gegner_innen dazu auf, den anstehenden Transport mit massenhaftem zivilen Ungehorsam entgegenzutreten. Dem Aufruf folgten Tausende Aktivist_innen, allein 7,000 kamen, um den Castor zu ›schottern‹. Unter dem Eindruck der atomaren Katastrophe im japanischen Kernkraftwerk Fukushima begaben sich im Herbst 2011 mehr Menschen denn je ins Wendland, um sich der tödlichen Atomindustrie und ihren Schergen in den Weg zu stellen.

Folgender Eindruck eines Aktivisten soll ein weiteres, ein letztes, Beispiel dafür sein, wie ökologischer Widerstand aussehen kann. In der Hoffnung der unfassbaren Zerstörung und dem massenhaften Sterben etwas effektiv entgegenzusetzen:

> »Ich war in einer festen Bezugsgruppe von vier Personen unterwegs. Zeitweise schlossen wir uns auch größeren Aktionsgruppen von bis zu 100 Leuten an. So waren wir den ganzen Tag in der Göhrde, einem Forst nahe Hitzacker, unterwegs. Es war sehr kalt, insbesondere mit Einbruch der Dunkelheit. Mit der Zeit wurden unsere Rucksäcke mit dem Proviant und der Ausrüstung schwer. Dank dem Adrenalin und der permanenten Bewegung wurde uns nicht kalt. So viele entschlossene Menschen im Wald zu sehen, war außerdem unglaublich motivierend.
>
> Ziel aller waren die Gleise, auf denen am Abend der Castortransport mit Atommüll fahren sollte. Sie schickten mal wieder hochradioaktiven Atommüll aus der Wiederaufbereitungsanlage La Hague in Frankreich nach Gorleben.
>
> Tagsüber war meine Stimmung sehr kämpferisch. Überall im Wald trafen wir weitere Aktivist_innen, die Hochsitze zerstörten, Barrika-

den aus Ästen und Baumstämmen auf den Waldwegen errichteten und sie damit für die Polizeifahrzeuge unpassierbar machten. Viele weitere versuchten immer wieder, zu den Gleisen zu gelangen, oder bewarfen Polizist_innen mit Steinen und Holz. Unsere Kleingruppe schaffte es mehrmals die Gleise zu erreichen. Wir mussten uns aber immer nach kurzer Zeit in den Wald zurückziehen, weil Polizei auftauchte.
Als es dunkel wurde, kippte meine Stimmung, ich hatte immer mehr Angst. Ich hatte Berichte anderer gehört, die in der Nacht plötzlich von im Unterholz versteckten Polizist_innen angriffen worden waren. Geschichten von Übergriffen und Misshandlungen gab es beim Castor immer wieder. Zudem konnte man im Dunkeln immer erst sehr spät erkennen, ob es sich um Polizist_innen oder Aktivist_innen handelte.
Am frühen Abend gelang es uns endlich für längere Zeit an die Gleise zu kommen. Auf den Schienen waren wir ca. 50 Leute. Polizist_innen, welche die Schienen bewachen sollten, rannten zunächst auf uns zu, mussten aber schnell flüchten nachdem sie mit Steinen aus dem Gleisbett beworfen wurden. Andere Leute fingen zeitgleich an, sich auf die Gleise zu setzen und den Schotter mit Händen, Füßen und Armen aus dem Gleisbett zu entfernen. Die meisten hatten sich zum Schutz vor der Polizei oder fotografierenden Journalist_innen vermummt, einige trugen auch Handschuhe, Schutzbrillen, Knie- und Ellbogenschützer. Das Ziel war, den Gleiskörper dermaßen zu unterhöhlen, dass ein Passieren des schweren Zugs mit Atommüll unmöglich wurde. Mir ran der Schweiß in die Augen, ich schmeckte das Salz auf der Zunge. Dass Schottern dermaßen anstrengend war, stand in keinem der Aufrufe! Die Leute wechselten sich ab. Nach rund zehn Minuten kam die Polizei wieder mit Verstärkung zurück und wir verzogen uns in den Wald. Beim Gehen konnte ich sehen, dass auf einigen Metern der Strecke keine Steine mehr unter den Gleisen waren.
In diesem Kontext schaffte es die Umwelt-Bewegung tatsächlich, die Machtfrage gegenüber der Polizei und der Regierung zu stellen.«

Ein guter Startpunkt für weitere Organisierung!

Ausblick

Die dargestellten Veränderungen der Aktionsformen sowie die staatlichen Reaktionen darauf über die letzten Jahrzehnte geben einiges zu denken. Klar ist jedoch: Die Zustände sind nicht mehr tragbar, sondern tödlicher und zerstörerischer denn je, für Menschen, Tiere und die Natur.

Theorien wie die Soziale Ökologie, die Erd-Demokratie oder vielleicht sogar der Biozentrismus können Anknüpfungspunkte für eine linke Theoriebildung sein. Aktionen und Kampagnen wie die von Earth First!, der Anti-Atom-Bewegung oder auch radikalerer Ansätze könnten Vorbild sein für eine ökologische Linke, die mit offensiven Mitteln versucht, Diskurse zu verschieben.

Dass nicht alle ökologischen Theorien für linke Theorie & Praxis anschlussfähig sind, hat sich hoffentlich bei der Lektüre dieses Buches gezeigt; dass es aber dennoch fruchtbar sein kann, sich mit ihnen zu beschäftigen, hoffentlich auch.

Ein konstruktiver Ansatz einer radikalen Ökologie könnte nicht nur umwelt- und ressourcenpolitisch intervenieren, sondern auch die Produktions- und Konsumnormen in die Kritik nehmen und zu ihrem Umkrempeln beitragen. Den Fragen bezüglich der Naturzerstörung müssen auch Diskussionen zur aktuellen (undemokratischen) Gestaltung unserer Gesellschaft folgen.

Weil sich die ökologische Krise in den kommenden Jahrzehnten noch zuspitzen wird, werden die Lösungsansätze einer radikalökologischen Bewegung besonders relevant sein. Will sie die Wurzeln der Umweltzerstörung tatsächlich erfassen, so muss die Radikale Ökologie auch eine soziale sein.

Weiterführende Literatur

Bücher/Texte

Best, Steven/Nocella II, Anthony J. (Hg.): Igniting a Revolution. Voices in Defense of the Earth. 2006 AK Press (Oakland)

Biehl, Janet: Mumford Gutkind Bookchin: The Emergence of Eco-decentralism . 2011 New Compass (Porsgrunn)

Bookchin, Murray: Social Ecology versus Deep Ecology. A Challenge for the Ecology Movement. 1987

Brand, Ulrich: Post-Neoliberalismus. Aktuelle Konflikte. Gegenhegemoniale Strategien. 2011 VSA Verlag (Hamburg)

Brand, Ulrich/Wissen, Markus: Sozial-Ökologische Krise und imperiale Lebensweise. Zu Krise und Kontinuität kapitalistischer Naturverhältnisse . In: Reader BUKO Gesnat Seminar. 5.-7. April 2013 in Meuchefitz, Wendland

Brand, Ulrich: Transition und Transformation. Sozialökologische Perspektiven. In: Brie, Michael (Hg.) : Futuring . Perspektiven der Transformation im Kapitalismus über ihn hinaus. 2014 Westfälisches Dampfboot (Münster)

Ditfurth, Jutta: Entspannt in die Barbarei. Esoterik, (Öko-)Faschismus und Biozentrismus. 1996 Konkret Literatur Verlag (Hamburg)

Foltin. Robert: Und wir bewegen uns doch. Soziale Bewegungen in Österreich. 2004 Edition Grundrisse (Wien)

Kaufmann, Stephan/Müller , Tadzio: Grüner Kapitalismus. Krise, Klimawandel und kein Ende des Wachstums. 2009 Karl Dietz Verlag (Berlin)

Lee, Martha Frances: Earth First! Environmental Apocalypse. 1995 Syracuse University Press (New York)

Manes, Christopher: Green Rage. Radical Environmentalism and the Unmaking of Civilization. 1990 Little, Brown and Company (Boston/Toronto/London)

Marshall, Andrew Gavin: An Anarchistic Understanding of the Social Order: Environmental Degradation, Indigenous Resistance, and the Place of Sciences. In: Spanda Journal. Anarchy

& Nonprofit. An Emerging Affair. 2013 Spanda Publishing (The Hague)
Merchant, Carolyn: Radical Ecology. The Search for a Liveable World. 2002 Routledge (London)
Parenti, Christian: Im Wendekreis des Chaos. Klimawandel und die neue Geografie der Gewalt. 2013 Laika-Verlag (Hamburg)
Potter, Will: Green is the New Red. An Insider's Account of a Social Movement under Siege. 2011 City Lights Books (San Francisco)
Pickering, Leslie James: The Earth Liberation Front. 1997-2002. 2007 Arissa Media Group (Portland)
Shiva, Vandana: Erd-Demokratie. Alternativen zur neoliberalen Globalisierung. 2006 Rotpunkt Verlag (Zürich)
Various Authors: Ecodefense. A Field Guide to Monkeywrenching. 1993

Filme

Brown, Peter Jay: Paul Watson. Bekenntnisse eines Öko-Terroristen. 2011
Curry, Marshall/Cullman, Sam: If a Tree Falls. A Story of the Earth Liberation Front. 2011
Holmquist, PeÅ/Khardalian, Suzanne: Bullshit. 2005

Websites

Do or Die-Archiv	http://www.eco-action.org/dod
Earth First! Journal	http://earthfirstjournal.org
Grünes Blatt	http://www.gruenes-blatt.de
John Zerzan	http://www.johnzerzan.net
North American Earth Liberation Prisoners Support Network	http://www.ecoprisoners.org
The Talon Conspiracy	http://thetalonconspiracy.com